吉林省人工智能领域专利导航研究

郝　屹◎主编

U0302505

科学技术文献出版社
SCIENTIFIC AND TECHNICAL DOCUMENTATION PRESS

·北京·

图书在版编目（CIP）数据

吉林省人工智能领域专利导航研究 / 郝屹主编. —北京：科学技术文献出版社，2018.12（2019.12重印）

ISBN 978-7-5189-4554-2

Ⅰ.①吉…　Ⅱ.①郝…　Ⅲ.①人工智能—专利—管理—研究—吉林　Ⅳ.①TP18 ② G306.3

中国版本图书馆 CIP 数据核字（2018）第 126884 号

吉林省人工智能领域专利导航研究

策划编辑：李　蕊　责任编辑：宋红梅　责任校对：张吲哚　责任出版：张志平

出 版 者	科学技术文献出版社
地 　 址	北京市复兴路15号　邮编　100038
编 务 部	(010) 58882938，58882087（传真）
发 行 部	(010) 58882868，58882870（传真）
邮 购 部	(010) 58882873
官 方 网 址	www.stdp.com.cn
发 行 者	科学技术文献出版社发行　全国各地新华书店经销
印 刷 者	北京虎彩文化传播有限公司
版 　 次	2018 年 12 月第 1 版　2019 年 12 月第 2 次印刷
开 　 本	710×1000　1/16
字 　 数	76千
印 　 张	6.75
书 　 号	ISBN 978-7-5189-4554-2
定 　 价	85.00元

编委会

主　编　郝　屹

副主编　李贺南　宋　微

编　委（吉林省科技资源基础数据重点实验室课题组成员）

　　　　戴　磊　李　兵　魏　阙　吴学彦　李彩霞
　　　　杨思思　边钰雅　王　博　刘　爽　杨　璐
　　　　刘　凯

目 录

第 1 章
引 言

当前，新一轮科技革命和产业变革孕育兴起，大数据的积聚、理论算法的革新、计算能力的提升及网络设施的演进，驱动人工智能发展进入新阶段，智能化成为技术和产业发展的重要方向。与此同时，人工智能正逐渐发展为新的通用技术，加快与经济社会各领域渗透融合，带动技术进步、推动产业升级、助力经济转型、促进社会进步。加快人工智能技术产业发展，已成为世界各国的普遍共识和共同选择。

2017 年 7 月，国务院印发了《新一代人工智能发展规划》，为抢抓人工智能发展的重大战略机遇，构筑中国人工智能发展的先发优势指出了明确的路线。规划提出，到 2020 年，人工智能技术与世界先进水平同步；到 2030 年，中国成为世界主要人工智能创新中心，智能经济、智能社会取得明显成效，为跻身创新型国家前列和经济强国奠定重要基础，人工智能核心产业规模超过 1 万亿元，带动相关产业规模超过 10 万亿元。此前人工智能首次作为新兴产业的代表，被写入 2017 年的政府工作报告。政府工作报告明确提出，加快培育壮大新兴产业，全面实施战略性新兴产业发展规划，加快新材料、人工智能、集成电路、生物制药、第五代

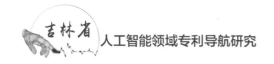

移动通信等技术研发和转化，做大做强产业集群。这是"人工智能"首次被写入政府工作报告。

为了深入实施国家创新驱动发展战略，以国家推进科技创新发展的主攻方向为指引，紧跟行业发展趋势，准确把握中国和吉林省人工智能技术发展现状，充分发挥专利信息资源对产业运行决策的引导力。2017年9月，吉林省科学技术信息研究所开展了吉林省人工智能领域的专利导航研究，并绘制了吉林省人工智能领域专利导航图，以期为吉林省人工智能产业的科学发展提供引导和支撑。

第 2 章
人工智能领域概述

2.1　概念及特点

　　"人工智能"一词最初是在 1956 年达特茅斯会议（Dartmouth Conference）上提出的。从那以后，研究者们发展了众多理论和原理，人工智能的概念也随之扩展。人工智能（Artificial Intelligence），英文缩写为 AI。它是研究、开发用于模拟、延伸和扩展人的智能的理论、方法、技术及应用系统的一门新的技术科学。人工智能是计算机科学的一个分支，它企图了解智能的实质，并生产出一种新的能以人类智能相似的方式做出反应的智能机器，该领域的研究包括机器人、语言识别、图像识别、自然语言处理和专家系统等。

　　人工智能是一门极富挑战性的科学，从事这项工作的人必须懂得计算机知识、心理学和哲学。人工智能是包括十分广泛的科学，它由不同的领域组成，如机器学习，计算机视觉，等等。总的来说，人工智能研究的一个主要目标是使机器能够胜任一些通常需要人类智能才能完成的复杂工作。但不同的时代、不同的人对这种"复杂工作"的理解是不同的。例如，繁重的科学和工程计算本来是要人脑来承担的，现在计算机不但

能完成这种计算，而且能够比人脑做得更快、更准确，因此，当代人已不再把这种计算看作是"需要人类智能才能完成的复杂任务"，可见复杂工作的定义是随着时代的发展和技术的进步而变化的，人工智能这门科学的具体目标也自然随着时代的变化而发展。它一方面不断获得新的进展；另一方面又转向更有意义、更加困难的目标。目前，能够用来研究人工智能的主要物质手段及能够实现人工智能计划的机器就是计算机，人工智能的发展历史是和计算机科学与技术的发展史联系在一起的。除了计算机科学以外，人工智能还涉及信息论、控制论、自动化、仿生学、生物学、心理学、数理逻辑、语言学、医学和哲学等多门学科。人工智能学科研究的主要内容包括：知识表示、自动推理和搜索方法、机器学习和知识获取、知识处理系统、自然语言理解、计算机视觉、智能机器人、自动程序设计等方面。

2017 年 7 月，中国政府出台了一项新战略，其目标明确：3 年内在人工智能技术发展方面赶超美国，希望到 2030 年时成为世界领先者。科技部发布的文件列出了 13 个"转型"技术项目，计划在未来几个月内投入更多政府资金，到 2021 年完成项目交接。据专家预测，到 2030 年人工智能在中国可能产生 10 万亿元产业，其中，金融、汽车、零售及医疗等占主要方面。

2.2 人工智能领域国外研究现状

自 1956 年"人工智能"作为一门新兴学科正式提出以来，经历了起伏的发展过程，可以简单地分为以下几个阶段。

2.2.1　孕育期（1956 年以前）

（1）从公元前伟大的哲学家亚里士多德（Aristotle）到 16 世纪英国哲学家培根（F. Bacon），他们提出的形式逻辑的三段论、归纳法及"知识就是力量"的警句，都对人类思维过程的研究产生了重要影响。

（2）17 世纪，德国数学家莱布尼兹（G. W. Leibniz）提出了万能符号和推理计算思想，为数理逻辑的产生和发展奠定了基础，播下了现代机器思维设计思想的种子。而 19 世纪的英国逻辑学家布尔（G. Boole）创立了布尔代数，实现了用符号语言描述人类思维活动的基本推理法则。

（3）20 世纪 30 年代迅速发展的数学逻辑和关于计算的新思想，使人们在计算机出现之前，就建立了计算与智能关系的概念。被誉为人工智能之父的英国天才数学家图灵（A. M. Turing）在 1936 年提出了一种理想计算机的数学模型，即图灵机之后，1946 年美国数学家莫克利（J. Mauchly）和埃柯特（J. Buchert）就研制出了世界上第一台数字计算机，它为人工智能的研究奠定了不可缺少的物质基础。1950 年，图灵又发表了一篇题为《计算机与智能》（"Computing Machinery and Intelligence"）的论文，提出了著名的"图灵测试"，形象地指出什么是人工智能及机器具有智能的标准，对人工智能的发展产生了极其深远的影响。

（4）1934 年美国神经生物学家麦克洛奇（W. S. McCulloch）和匹兹（W. Pitts）建立了第一个神经网络模型，为以后的人工神经网络研究奠定了基础。

2.2.2　发育期（1956—1969 年）

（1）1956 年夏，麻省理工学院（MIT）的麦卡锡（J. Mc Carthy）、

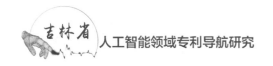

明斯基（M. Minshy）、赛尔夫里奇（O. Selfridge）与索罗门夫（R. Solomonoff），IBM 的罗切斯特（N. Lochester）、莫尔（T. More）与塞缪尔（A. Samuel），贝尔实验室的香农（C. Shannon），卡内基－梅隆大学（CMU）的纽厄尔（A. Newell）与西蒙（H. Simon）10 人在美国的研讨会上，统一使用了人工智能（Artificial Intelligence）这一术语，用它来代表有关机器智能这一研究方向，这标志了人工智能学科的正式诞生。

（2）1956—1969 年，塞缪尔研制了能自学的跳棋程序；1959 年，它击败了塞缪尔本人；1969 年，又击败了一个州的冠军。

（3）1956—1965 年，纽厄尔和西蒙研制的"逻辑理论家"的程序，证明了"数学原理"中的 38 个定理；1958 年，美籍华人数理学家王浩在计算机上仅用 5 分钟就证明了"数学原理"中的有关命题演算的全部 220 条定理；1960 年，纽厄尔和西蒙在心理学实验的基础上研制成了一种不依赖具体领域的通用问题求解程序 GPS（General Problem Solver），可以求解 11 种不同类型的问题；1965 年鲁滨逊（J. Robinson）提出了消解原理，为定理的机器证明做出了突破性贡献。

（4）1956—1968 年，斯坦福大学的费根鲍姆（G. Feigenbaum）教授首先开展了专家系统的研究，他们研究成功的 DENDRAL 专家系统能根据质谱仪的实验，通过分析推理决定化合物的分析结构，其能力相当于化学专家的水平。

（5）1969 年，国际人工智能联合会议（International Conferences on Artificial Intelligence）成立，它标志着人工智能这门新兴学科得到了世界范围的公认。

2.2.3　发展期（1970 年以后）

20 世纪 70 年代，人工智能进入发展期，许多国家都相继开展了这门新兴学科的研究工作。20 世纪 60 年代一连串的胜利，使人工智能的学者们兴高采烈，也使公众对人工智能提出了更高的期望，但是事情发展远非如此。塞缪尔的下棋程序当了州级冠军之后，与世界冠军对弈时就从没有赢过。最后希望出实质性成果的自然语言翻译也问题不断，人们原以为只要用一部双向字典和一些语法知识就可能解决自然语言的互译问题，结果发现机器翻译闹出了不少笑话。以至于有人挖苦说，美国花了 2000 万美元为机器翻译建立了一块墓碑。被公认为有"重大突破"的消解法，也因其局限性不能适应现实世界诸多问题，在神经网络、机器学习研究方面也遇到了种种困难。舆论的谴责，经费的缺乏，使人工智能研究一时陷入了困境。

人工智能的科学家们开始对过去的战略思想和主要技术进行总结和反思，费根鲍姆关于以知识为中心开展人工智能研究的观点为大多数人所接受，研究人员基本达成了共识，即人工智能系统是一个知识处理系统。而知识表示、知识利用和知识获取则是人工智能系统的 3 个基本题。从此，人工智能研究又迎来了一个以知识为中心的蓬勃发展新时期。

随着 DENDRAL 专家系统的成功，一大批专家系统从各个领域各个方面涌现出来，从医学、数学、生物工程到地质探矿、气象预报、地震分析、过程控制、系统设计、工程测试与分析及情报处理、法律咨询和军事决策，一个个成功的系统都带来了巨大的经济效益和社会效益，令世人刮目相看。

同时，由于对知识的表示、利用、获取方面的研究取得较大进

展，特别是对不确定性知识的表示与推理取得了突破，建立了诸如主管 Bayes 理论、确定性理论、证据理论、可能性理论等一系列新理论，这为模式识别、自然语言理解等其他领域的发展奠定了基础，解决了许多理论和技术上的问题。人工智能又向人们展示了广阔的应用前景，人们对人工智能的兴趣开始与日俱增。此时，人工智能研究经费充足，经营人工智能产品的公司纷纷成立，人工智能的研究队伍也迅速扩大。例如，1987 年在意大利召开的第十届国际人工智能会议，与会人数竟超过了5000 人，在一片乐观情绪的影响下，欧洲、美国、日本等国家和地区都先后制定了一批有关人工智能的大型项目，都争相在人工智能方面取得更为突破性的进展。其中，美国的 ALV（Automontous Land Vehicle）和日本的第五代计算机就是其中最典型的代表。

但是好景不长，这些计划到 20 世纪 80 年代中期，大多遇到了技术困难，而这些技术问题的难度之大是当时人工智能技术所不能解决的。正如张钹院士在《近十年人工智能的进展》一文中指出的那样，有两个根本性的问题，一个是所谓的交互（Interaction）问题，即传统方法只能模拟人类深思熟虑的行为，而不包括人与环境的交互行为。美国的 ALV计划试图建造一种能在越野环境下自主行驶的车辆，这种车辆必须具备与环境交互的能力，以适应环境的不确定性和动态变化。根据传统人工智能的方法建立的系统，基本上不具备这种能力，这就是 ALV 计划遇阻的根本原因。

另一个是所谓扩展（Scaling up）问题，即传统人工智能方法只能适合于建立领域狭窄的专家系统，不能把这种方法简单地推广到规模更大、领域更宽的复杂系统中去。日本第五代计算机计划的中止原因也在于此。

由于这两个基本问题的存在，使人工智能研究又进入了低谷，人工智能又一次陷入了"信任危机"。

顽强的人工智能学者们在低谷中又一次反思，更全面地检查了 30 年来在目标、内容和方法上存在的问题，各抒己见、百家争鸣，在未来探索的道路上又迈开了大步。

20 世纪 80 年代中期到 90 年代初，麻省理工学院的布鲁克斯（R. A. Brooks）以其进化理论提出了"没有表达的智能"和"没有推理的智能"，从而成为行为主义学派的代表。他们认为智能取决于感知和行动，他们研制成功的机器虫应付复杂环境的能力超过了当时的许多机器人，成为解决所谓"交互"问题的重要希望，而反馈机制的引进和神经网络的重新崛起，也为解决"交互"问题提供了重要方法。

20 世纪 90 年代，人工智能学者提出的综合集成（Meta-synthesis）和智能体（Agent）概念为解决所谓"扩展"问题开辟了新的道路。以钱学森、戴汝为院士为代表的中国学者，从社会经济学系统、人体系统等复杂系统中提炼出开放复杂巨型智能系统（Open Complex Giant Systems，OCGS）的概念，并提出从定性到定量的综合集成方法，引起了国际学者的广泛关注，中国科学家正在为人工智能的发展做出应有的贡献。

不管人工智能的发展处于低谷还是高潮，它始终是以极大的冲劲螺旋式上升，短短几十年取得的成绩已向世人展示了其极具光明的前景，一场以脑为中心的科技革命——智能革命已悄悄兴起，人类文明将进入更加辉煌的时代。

2.3 人工智能领域国内研究现状

1970 年以来，世界各国都前赴后继地奔跑在"研究利用人工智能"这条新路上，特别是美国和日本已经逐步发展成为"人工智能强国"。中国人工智能研究起步较晚，纳入国家计划的研究（智能模拟）始于1978 年，1981 年起，相继成立了中国人工智能学会，全国高校人工智能专业委员会、中国计算机学会人工智能与模式识别专业委员会等。1984年，召开了智能计算机及其系统的全国学术研讨会，1986 年起，把智能计算机系统、智能机器人和智能信息处理（含模拟识别）等重大项目列为国家高技术研究计划，1987 年，《模拟识别与人工智能》杂志创刊，至今已有多部国内自编的人工智能专著和教材公开出版。1989 年，首次召开的中国人工智能控制联合会议（CJCAI）至今已召开多次。1993 年起，又把智能控制和智能自动化等项目列入国家科技攀登计划。近年来，中国许多单位都紧跟世界研究潮流，开展了对知识发现、数据挖掘、多agent 系统、模式识别、智能机器人、自然语言处理和自动推理等多领域的研究与开发工作，并取得了一定的进展。当前，中国已有数以万计的科技人员和大学师生从事不同层次的人工智能研究与学习，人工智能研究已经在中国深入开展。尽管中国人工智能学科起步晚，但在理论研究方面已"赶超日本、追平美国"，完全达到了世界领跑水平，特别是中国科学家协同配合国外传统研究方法，开发出的新的综合创新性研究体系，为国际人工智能科学发展做出了突出贡献。

中国科学家提出的仿生识别方法、可拓学理论等在全球可谓独树一帜，能够较好地处理过去在人工智能方面难以解决的矛盾问题，并已逐步替代之前的模拟人体结构理论等，成为全球实验室优先采用的研究方法。

中国虽然在人工智能的软件方面水平不低，但在硬件、机器制造方面水平还不高，与日本等应用水平和普及度都较高的国家相比，中国还处于一个"很初级"的阶段。这并不代表中国不能开发出具有强大功能的机器人，事实上中国的实验室研究生产水平已经完全可以制造出与日本同等水平的人工智能成果。当前影响中国人工智能应用发展的原因主要是，工作化生产水平相比于美日还存在较大的差距，对资源和能源的消耗也都难以达到需求，此外，一项先进的人工智能成果在刚开始投入市场生产时需要较高的成本，这对于中国一些普通家庭来说还属于奢侈品，因此，在市场需求和推广上也难以跟上国外的脚步。

虽然有差距，但是也在不断地进行努力和尝试。2006 年，中国就曾经进行过一次"中国象棋"的人机大战，其过程和效果堪比美国的"深蓝"人机竞赛，另外，近年来，以哈尔滨工业大学为首的国内众多高校的人工智能研发水平发展迅猛，在一些国际水平的"机器人足球赛""机器人起重大赛"等人工智能竞赛中都取得了优异的成绩。

第3章
人工智能领域国内外发展现状

3.1　人工智能领域国外发展现状

早在几年前，人工智能就已经吸引了全球科技巨头竞相投入巨资。从 2013 年开始，从国外的谷歌、推特、苹果、英特尔、雅虎、IBM，到国内的百度、阿里巴巴、腾讯，等等，这些国内外巨头们竞相发力布局该领域。例如，2013 年 3 月，谷歌就在人工智能领域砸下重金，为聘请该领域的大咖亨顿（Geoffrey Hinton）而重金收购了初创公司（DNNresearch）。同年 12 月，Facebook 新成立的人工智能实验室聘请纽约大学终身教授、深度卷积神经网络顶尖专家燕乐存（Yann LeCun）。同样是 2013 年，百度建立深度学习实验室，2014 年 5 月，"百度大脑"计划聘请"谷歌大脑之父"吴恩达为首席科学家。百度基于人工智能的机器人秘书"度秘"和无人驾驶汽车、阿里巴巴推出的人工智能平台"DTPAI"等都是大手笔投入。已经走上流水线工作的富士康工业智能机器人 Foxbot 具有相当于人类 3 ～ 6 岁的智力，是人工智能在工业领域的成功范例。2014 年年初，谷歌花 6.5 亿美元重金收购后来参与"人机大战"的阿尔法狗（AlphaGo）围棋的研发团队 DeepMind 科技公司；

自此次收购事件之后，全球嗅觉灵敏的风险投资也迅速跟进，风险投资在人工智能领域的投入增长非常迅速。以智能机器人为例，根据 Venture Scanner 公司的统计数据，2011 年，该领域全世界风险投资金额才仅仅 1.94 亿美元，而 2015 年，投资额已暴增至 9.23 亿美元。人工智能在中国国内也是投资热点。2016 年 1 月艾瑞咨询发布的统计报告中，有 65 家中国的人工智能创业公司获得投资，共获得 29.1 亿人民币的投资；其中，深圳市大疆创新科技有限公司是典型案例，获得了 7600 万美元投资。

3.2　人工智能领域国内发展现状

中国人工智能研究起步晚，研究水平与发达国家存在明显差距，但已引起国内专家学者的广泛关注。2016 年 5 月，发展改革委、科技部、工业和信息化部、中央网信办在《"互联网+"人工智能三年行动实施方案》提出，到 2018 年，初步建成基础坚实、创新活跃、开放协作、绿色安全的人工智能产业生态，形成千亿级的人工智能市场应用规模。从企业层面来看，随着互联网技术瓶颈的凸显，将业界的视线聚焦到人工智能产业以寻求突破，但总体上国内人工智能产业还处于野蛮生长的初期阶段。2017 年 3 月，英特尔收购 Mobileye，Mobileye 是 ADAS（高级驾驶辅助系统）领域的龙头老大，这次收购让英特尔抢占了汽车自动驾驶的布局；百度前首席科学家吴恩达宣布辞职，之后又建立专注于投资人工智能的风险基金。同年 5 月，在乌镇举行的围棋大赛上，AlphaGo 以 3：0 战胜柯洁，再一次在深度学习领域获得突破；7 月，国务院发布《新一代人工智能发展规划》，构建中国人工智能先发优势，鼓励企业创新发展。8 月，寒武纪科技宣布融资达到 1 亿美元，寒武纪源于中国科学院计算所，

成为全球首个能够深度学习的"神经网络"处理器芯片。

虽然中国人工智能产业发展较晚，与国际产业市场多样化相比显得较为单一，但国内人工智能产业基本形成了基础技术支撑、人工智能技术及人工智能应用3个层次的生态圈。

（1）处于生态圈底端的是基础技术支撑层，主要由硬件、数据库和运算平台组成。国内处于基础技术支撑层的企业主要有百度、阿里巴巴等IT巨头及少量创业公司，业务范围主要集中在数据工厂和超算平台建设方面。

（2）处于中间的是人工智能技术层，旨在建立基于不同算法的模型，形成可供应用的有效技术。目前，国内人工智能技术层的优势领域主要集中在智能识别领域，这一领域主要以创业新贵为主，FACE++、小i机器人、科大讯飞、格灵深瞳等企业视觉、语音识别技术处于国际领先水平。

（3）处于顶层的是人工智能应用层，其利用中层输出的人工智能技术为用户提供智能化的服务和产品。目前，此领域参与企业众多，以百度为首的IT巨头依托现有海量数据资源和强大数据处理能力，加大深度学习等核心算法和其他人工智能技术的研究力度，企图开拓人工智能应用市场；以科大讯飞、FACE++为首的创业新贵，凭借自身技术优势，从技术层发力，开拓认知智能应用市场；以小米、格力为首的传统制造业龙头企业加快了人工智能技术研发和引进，力争实现从制造到智造的转变。

2015年，国内人工智能产业除传统IT巨头外，已有近百家创业公司，约65家获得投资，共计29.1亿元。国内获得投资的人工智能企业七成为应用类企业，应用类企业中以软件服务类企业为主；约三成为技术类企业，技术类企业中以机器视觉领域企业为主，可以看出国内人工智能产业投资和发展热点主要集中在人工智能应用软件服务方面，对核心技术和基础资源的开发不够。

第 4 章
人工智能领域专利导航研究

4.1 专利导航的内涵及任务

专利导航旨在围绕创新驱动发展战略，以专利为纽带，以创新为核心，以市场为导向，引导科技创新，促进管理创新，增强中国创新主体运用专利提升核心竞争力的能力，最终提高国家整体科技竞争实力。专利导航以专利密集型产业为主要对象，以专利数据为信息获取主体，综合运用专利信息分析和市场价值分析手段，结合经济数据及龙头企业知识产权战略等信息的分析和挖掘，准确把握专利在整个产业发展中所体现的内在规律及影响程度，深刻揭示产业竞争格局、科学凝练技术创新方向、有效防范产业发展风险、稳步提升专利运用水平。

专利导航的主要任务：一是要通过建立健全专利导航引导产业发展的机制，提升产业发展决策的科学化水平，推动实现产业优势资源优化配置，自主创新能力有效提升，产业竞争优势稳步增强；二是要引导产业升级转型，优化产业结构，逐步培育形成产业链龙头企业引领带动、上中下游企业密切配合的产业集群和良性发展的产业生态系统；三是要引导企业培育核心竞争优势，改善产业价值链地位，增强企业在国际竞争和规则制定中的话语权，提升企业对产业发展的影响力和控制力；四是要引导鼓励专利的协同运用，推动产业整体竞争力提升，引导优势互补的产业链上下游企业等市场主体以专利运用协同体为纽带进行深度合作，建立产业集群协同发展新模式，推动产业提升整体竞争力；五是要引导培育符合产业实际需求的专利运用服务，有效支撑产业高端发展，建立适应中小企业需求的投融资机制，促进专利投融资、证券、保险、信托等业务开展；培育发展专利交易流转服务体系，促进专利的集聚和扩散。

4.2 人工智能领域专利导航图构建

通过对人工智能领域的发展和技术信息进行收集、梳理和归纳，了解产业发展的基本情况和总体趋势，确定研究的路线和边界；之后，通过分析各种指标的特点，确定从哪些维度展开分析，最能全面、准确地反映中国人工智能领域的技术发展和国际地位等情况。

专利分析采用 Dialog 公司推出的 Innography 专利检索分析平台，检索时间范围为：1997 年 1 月至 2017 年 10 月。检索并分析了 40 余万条专利数据。并对人工智能产业链中 3 个层次的 17 个技术领域进行了 7 个维度的专利分析。

人工智能领域的专利导航图（图 4-1）以人工智能产业链为主线进行绘制。将人工智能产业链划分为基础层、技术层和应用层 3 个层次。其中，基础层是驱动人工智能发展的先决条件，包括：数据资源、云计算、芯片、传感器和存储设备 5 个部分；技术层的进步使人工智能的发展在近几年显著加速，包括：框架层、算法层（认知智能）和通用技术层（感

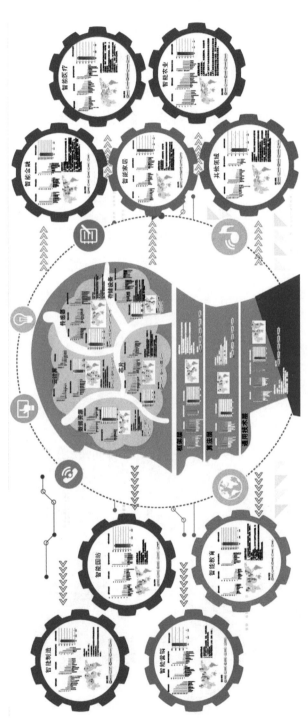

图 4-1　吉林省人工智能领域专利导航

知智能）3个部分；应用层分为：智能制造、智能国防、智能营销、智能教育、智能金融、智能医疗、智能家居、智能农业和其他领域9个部分。

分析的维度包括：世界机构排名，中国机构排名，吉林省机构排名，中国、吉林省、长春市专利数对比，世界专利排名前5位的专利产出国和目标国对比分析，主要技术热点分析及核心专利。

如图4-1所示，位于中间核心位置的区域为基础层，包括：数据资源、云计算、芯片、传感器和存储设备5个部分（图4-2）。

在基础层的5个部分中，中国在云计算和传感器领域发明专利数量排在世界首位。芯片和存储设备领域排世界第2位，数据资源领域排在世界第3位。从机构的角度来看，中国机构在数据资源领域和云计算领

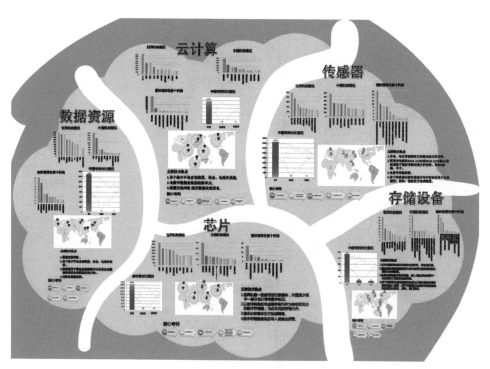

图4-2　吉林省人工智能领域基础层

域比较有优势，华为技术有限公司、中兴通讯股份有限公司、浪潮集团有限公司等企业都排在世界前列，其他领域中国机构优势不明显。

位于基础层下方的是技术层，包括：框架层、算法层（认知智能）、通用技术层（感知智能）3个部分（图4-3）。

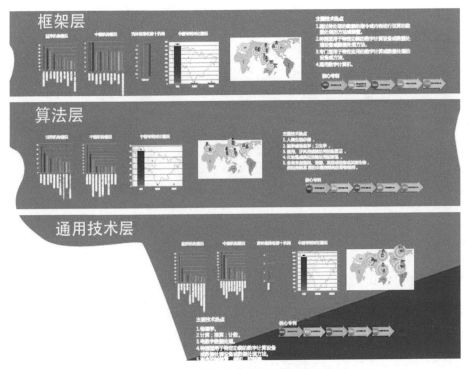

图4-3 吉林省人工智能领域技术层

处于外围的是人工智能领域的应用层，包括：智能制造、智能国防、智能营销、智能教育、智能金融、智能医疗、智能家居、智能农业及其他应用领域9个部分（图4-4）。

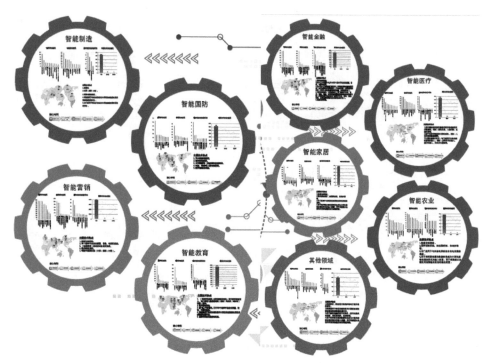

图4-4 吉林省人工智能领域应用层

　　从专利分析情况来看，中国在整个人工智能应用层面的专利拥有量在世界占据绝对主导地位，浙江大学、国家电网、北京航空航天大学、山东大学、华为技术有限公司、中兴通讯股份有限公司等多家机构的专利数量排在世界前列。特别是智能农业领域，世界排名前10位的机构中，有7家是中国企业。智能制造领域世界排名前10位的机构中，有5家是中国企业。吉林省在人工智能应用领域具有比较好的基础，但技术层面实力较弱，导致吉林省人工智能在技术密集型传统产业的应用没有得到充分的发展。

4.3 人工智能主要技术领域分析

4.3.1 基础层

4.3.1.1 数据资源

截至 2017 年 10 月 30 日,全球人工智能数据资源领域共检索到 44 173 件专利,中国专利数为 14 798 件。

从图 4-5 可以看出,世界专利权人共涉及机构 6535 家,全球机构中三星电子公司、美国高通公司、华为技术有限公司、中兴通讯股份有限公司位列前茅,三星电子公司专利申请量为 1973 件,华为技术有限公司与美国高通公司数量一致均是 1834 件,中国机构占有一定优势。

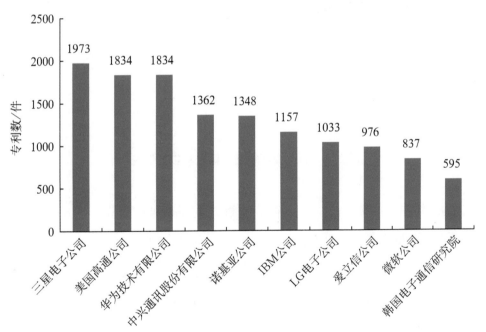

图 4-5 数据资源领域世界专利权人情况

从图 4-6 可以看出，在中国专利权人中，华为技术有限公司、中兴通讯股份有限公司位居前列，占有很大优势。分别位居第 3、第 4 位的国家电网有限公司、中国移动通信集团有限公司申请数量与前两家相差很大。

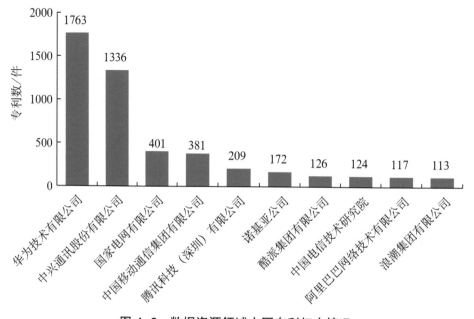

图 4-6　数据资源领域中国专利权人情况

从图 4-7 可以看出，吉林省专利权人主要是吉林大学、吉林正和药业等。吉林大学申请专利 9 件，吉林正和药业排名第 2 位，申请专利 7 件。

从图 4-8 可以看出，与全国专利数相比，吉林省专利数量很少，全国在人工智能数据资源方面申请专利数量 14 798 件，吉林省 9 件，全部集中在长春市。

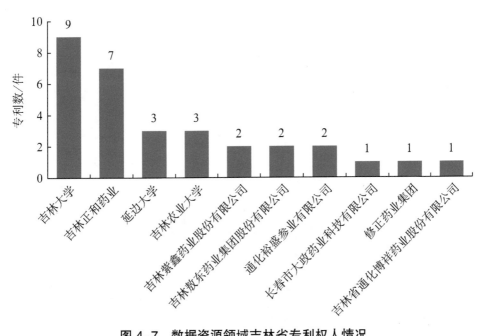

图 4-7　数据资源领域吉林省专利权人情况

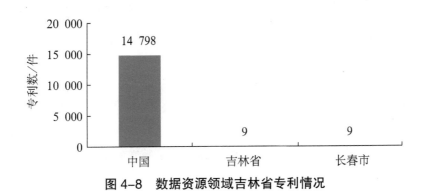

图 4-8　数据资源领域吉林省专利情况

从数据资源领域主要目标国专利情况来看，日本是世界各国的主要竞争市场，全球专利中以日本作为目标国家的专利占33%；中国作为目标国家的专利占近23%，中国在人工智能数据资源领域也是很重要的市场（图4-9）。

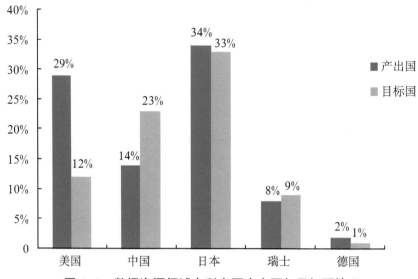

图 4-9　数据资源领域专利主要产出国与目标国情况

　　人工智能数据资源领域主要研究热点集中在数据交换网络方面，如图 4-10 所示，核心专利最早是于 1983 年申请的 US4577314 A，最近的核心技术是 2016 年的 US20170238298 A1（图 4-10）。

图 4-10　数据资源领域核心专利技术演变情况

4.3.1.2　云计算

　　截至 2017 年 10 月 30 日，全球人工智能云计算领域共检索到 19 787 件专利，涉及机构总量 4538 家。从图 4-11 可以看出，在人工智能云计算领域中，申请专利数世界排名第 1 位的是 IBM 公司，其申请专利数量达到 888 件，排名第 2 位的是微软公司，其申请专利数量为 496 件，中国机构浪潮集团有限公司、华为技术有限公司分别位居世界第 3、第 4 位，排名第 3 位的浪潮集团有限公司，申请专利数量为 485 件。

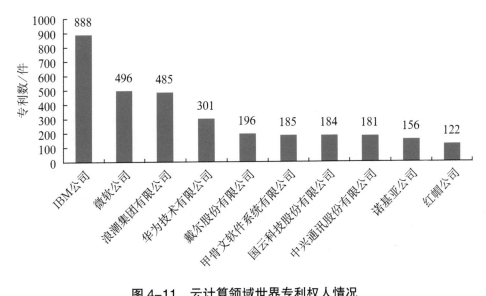

图 4-11　云计算领域世界专利权人情况

人工智能云计算领域中国专利数量数 19 787 件，从图 4-12 可以看出，中国专利排名第 1 位的是浪潮集团有限公司，申请专利数量为 539 件，排名第 2 位的是华为技术有限公司，申请专利数量是 293 件。

从图 4-13 可以看出，吉林省专利权人排名前 3 位的依次是吉林大学、吉林师范大学、吉林省方寨科技，其中，吉林大学申请数量为 44 件，吉林师范大学申请数量为 10 件。

从图 4-14 可以看出，中国拥有专利 19 787 件。吉林省申请专利 38 件，其中，长春市专利申请 37 件。

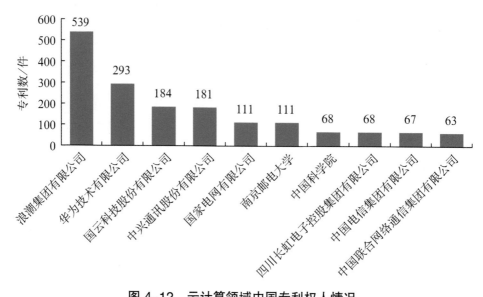

图 4-12　云计算领域中国专利权人情况

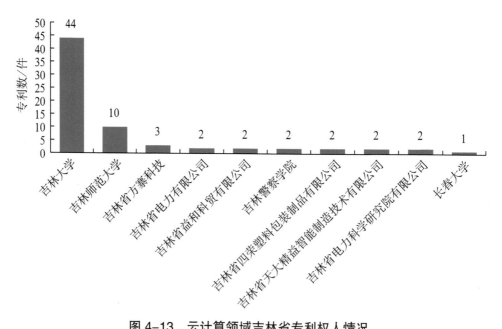

图 4-13　云计算领域吉林省专利权人情况

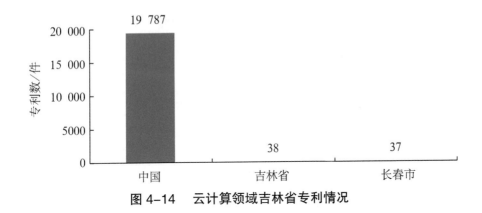

图 4-14　云计算领域吉林省专利情况

人工智能云计算领域各主要国家（地区）产出和目标占比相近。中国专利产出占世界总量的 65%，中国作为目标国的专利占比近 64%；美国专利产出占比为 21%，作为目标国的专利占比近 19%（图 4-15）。

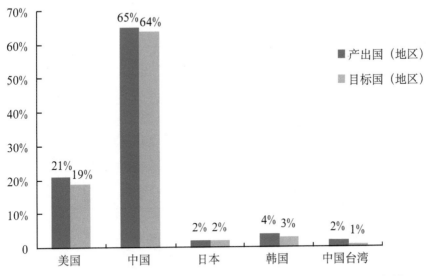

图 4-15　云计算领域专利主要产出国（地区）与目标国（地区）情况

人工智能云计算领域专利主要技术热点集中在单个组中不包含的装置、设备、电路和系统，电数字数据处理的控制单元，数据交换网络、

27

通用数据处理设备等方面。核心专利最早从 2002 年的 US8363806 B2 开始计数演变，近期的专利是 2015 年的 US20170076195 A1（图 4-16）。

图 4-16　云计算领域核心专利技术演变情况

4.3.1.3　芯片

截至 2017 年 10 月 30 日，人工智能芯片领域共检索到 89 325 件专利，涉及机构总量为 11 087 家。全球主要专利权人中，株式会社日立制作所、东芝公司、三星电子公司位列前茅，中国机构没有优势，其中，株式会社日立制作所申请专利数量占第 1 位，申请专利 3610 件，东芝公司申请专利 2680 件，占第 2 位（图 4-17）。

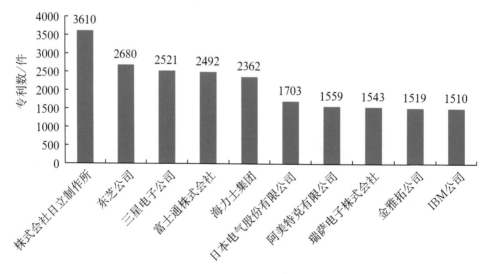

图 4-17　芯片领域世界专利权人情况

中国在人工智能芯片领域申请专利数量为 16 536 件，国家电网有限公司申请专利数量最多，为 383 件，鸿海精密工业股份有限公司排名第 2 位，申请专利数量为 148 件（图 4-18）。

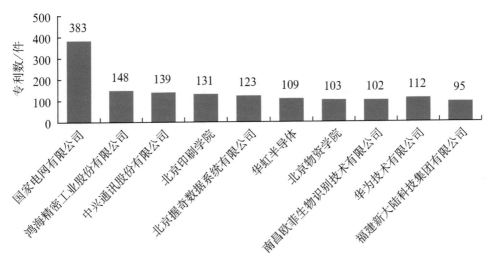

图 4-18　芯片领域中国专利权人情况

吉林省专利权人中，吉林大学、长春鸿达光电子与生物统计识别技术有限公司位居前列。吉林大学申请专利 16 件，长春鸿达光电子与生物统计识别技术有限公司申请专利数量为 6 件（图 4-19）。

从图 4-20 可以看出，中国共申请专利 16 536 件，其中，吉林省申请专利 53 件，且全部来自长春市。

从芯片领域专利产出国和目标国专利情况来看，中国和日本是世界各国的主要竞争市场。中国产出专利占全球专利总量的 24%，中国作为目标国的专利占全球专利总量的 28%；日本产出专利最多，占 31%，作

为目标国专利占 28%；美国产出专利只有 13%，但是美国作为目标国的专利数量占 17%（图 4-21）。

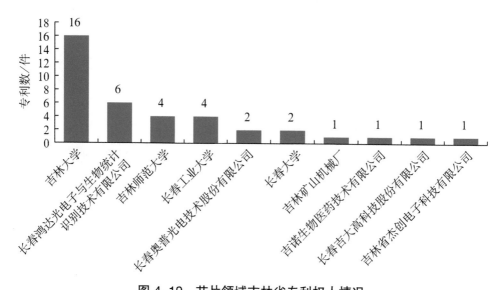

图 4-19 芯片领域吉林省专利权人情况

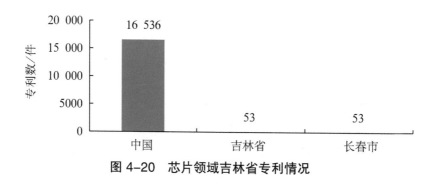

图 4-20 芯片领域吉林省专利情况

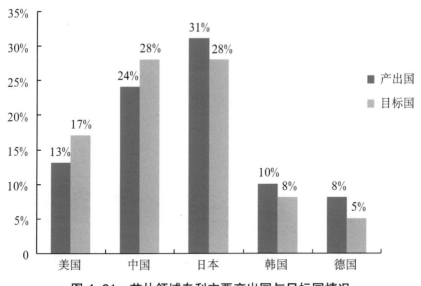

图 4-21　芯片领域专利主要产出国与目标国情况

人工智能芯片领域主要技术热点集中在连同机器一起使用的记录载体，并且至少其中一部分设计带有数字标记。如图 4-22 所示，最早核心专利是 1976 年的 US4097965 A，最近的为 2016 年的 US9608716 B1。

图 4-22　芯片领域核心专利技术演变情况

4.3.1.4　传感器

采用 Innography 专利数据库对全球人工智能传感器领域专利进行深入分析，共检索出 90 794 件专利文献。

从图 4-23 可以看出，世界排名前几位的专利权人几乎均为全球较大的电器电子巨头公司，排名第 1 位的是日本松下电器产业株式会社，拥有 2368 件专利；排名第 2 位的是东部控股集团有限公司，拥有 1799 件专利；排名第 3 位的是三星电子公司，拥有 1293 件专利。

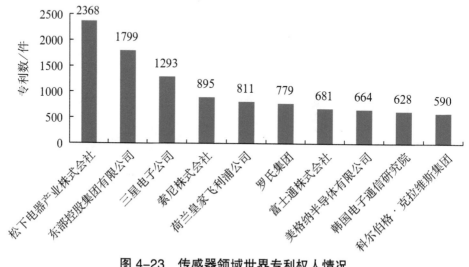

图 4-23　传感器领域世界专利权人情况

从图 4-24 可以看出，中国传感器领域专利权人主要是国内各大高校，前 10 位的专利权人中高等院校占 9 席，企业只有国家电网有限公司 1 家。排名前 3 位的分别为国家电网有限公司、浙江大学和东南大学，分别拥有专利 566 件、329 件、315 件。其中，排在前 3 名的高校分别为浙江大学、东南大学和南京邮电大学。

由图 4-25 可知，传感器领域吉林省专利拥有量最多的机构是中国科学院长春应用化学研究所（18 件），排名第 2 位的是吉林大学（10 件），吉林曼博科技有限公司和中国科学院长春光学精密机械与物理研究所并列第三，各拥有专利 8 件。

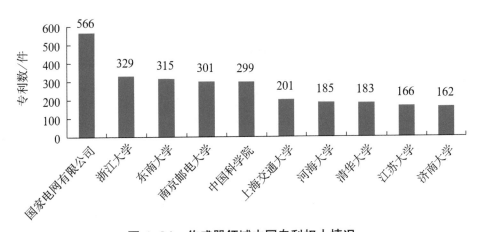

图 4-24 传感器领域中国专利权人情况

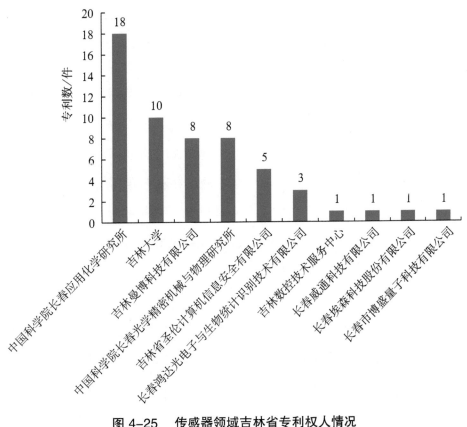

图 4-25 传感器领域吉林省专利权人情况

由图 4-26 可知，吉林省在传感器领域专利拥有量处于弱势，而长春地区的申请数量占吉林省整个专利申请量的 85%。

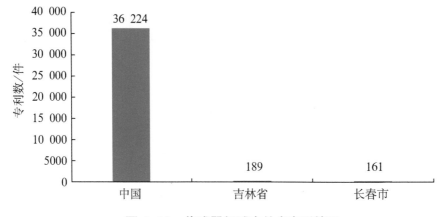

图 4-26　传感器领域吉林省专利情况

从图 4-27 可以看出，中国占据人工智能传感器技术相关专利研发的绝对主导地位，美国和日本分别居于第 2 位和第 3 位。世界专利拥有量排名前 5 位的国家（地区）分别是中国（36 224 件）、美国（13 452件）、日本（12 822 件）、韩国（8754 件）和欧洲专利局（4330 件）。中国产出专利占专利总量的 42%，美国产出专利占比为 15%，韩国产出专利占比为 10%，日本产出专利占比为 14%，德国产出专利占比为 2%；从各国输入专利情况来看，中国、美国、韩国产出专利占比均大于输入专利占比。

传感器领域技术热点主要集中在用电、电化学或磁的方法测试或分析材料；利用未包括在 G01N 21/00 或 G01N 22/00 组内的波或粒子辐射来测试或分析材料，如 X 射线、中子；电信号传输系统；用于阅读或识别印刷或书写字符或者用于识别图形，如指纹的采集方法或装置。

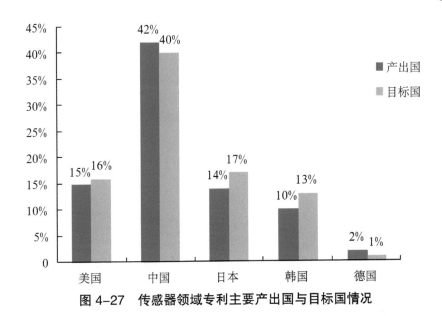

图 4-27　传感器领域专利主要产出国与目标国情况

传感器领域核心专利的专利强度为 90%～100%，按照优先权年和专利强度排序，选取 5 个时间段的 5 件专利，表明该技术领域的延伸发展方向，该领域核心专利最早出现在 1998 年，最近出现在 2013 年（图 4-28）。

图 4-28　传感器领域核心专利技术演变情况

4.3.1.5　存储设备

采用 Innography 专利数据库对全球人工智能存储设备领域专利进行深入分析，共检索出 5089 条专利文献。

从图 4-29 可以看出，在全球人工智能存储设备领域，专利数排在前几位的专利权人几乎均为来自日本的电子公司，如株式会社日立制作所、日本电气股份有限公司、东芝公司、松下电器产业株式会社、佳能公司等，其中，世界排名第 1 位的专利权人是株式会社日立制作所；排名第 2 位的是日本电气股份有限公司；世界排名第 3 位的是东芝公司。

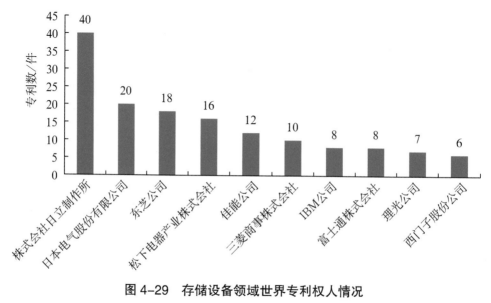

图 4-29　存储设备领域世界专利权人情况

　　从图 4-30 可以看出，中国存储设备领域专利权人主要是科研机构和企业，专利数排名前 10 位的专利权人中科研机构和企业各占 5 席。其中，排在首位的机构是西安建筑科技大学，拥有专利 7 件。

　　如图 4-31 所示，吉林省专利排名前 3 位的机构分别为中国科学院长春光机精密机械与物理研究所、吉林大学和中国第一汽车集团公司。

　　从图 4-32 可以看出，吉林省在存储设备领域专利拥有量处于弱势，长春地区的申请数量占吉林省整个专利申请量的 90%。

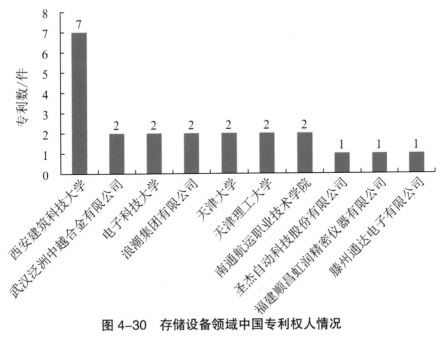

图 4-30　存储设备领域中国专利权人情况

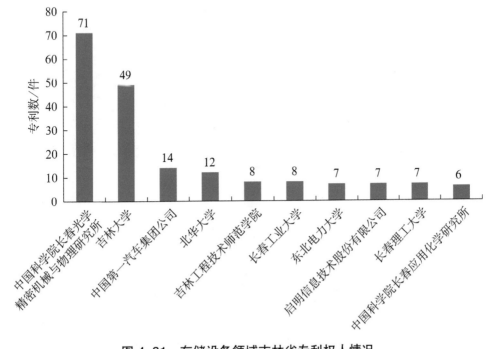

图 4-31　存储设备领域吉林省专利权人情况

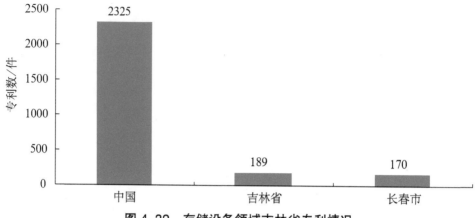

图 4-32　存储设备领域吉林省专利情况

从图 4-33 可以看出，日本占据人工智能存储设备相关专利研发的绝对主导地位，中国和澳大利亚分别居于第 2 位和第 3 位。该领域世界专利拥有量排名前 5 位的国家（地区）分别是日本（2456 件）、中国（2325 件）、澳大利亚（154 件）、欧洲专利局（92 件）和美国（61件）。中国产出专利占专利总量的 11%，美国产出专利占比为 5%，韩国产出专利占比为 5%，日本产出专利占比为 46%，澳大利亚产出专利

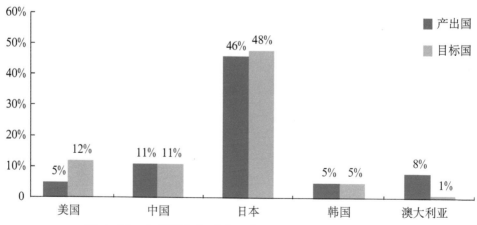

图 4-33　存储设备领域专利主要产出国与目标国情况

占比为 8%；从各国输入专利情况来看，美国和日本产出专利占比均小于输入专利占比。

存储设备领域技术热点集中在存储器系统或体系结构内的存取、寻址或分配；信息或其他信号在存储器、输入 / 输出设备或者中央处理机之间的互联或传送；用于将所要处理的数据转变成计算机能够处理的形式的输入装置；用于将数据从处理机传送到输出设备的输出装置。

传感器领域核心专利按照优先权年和专利强度排序，选取 5 个时间段的 5 件专利，表明该技术领域的延伸发展方向，该领域核心专利最早出现在 1992 年，最近出现在 2006 年（图 4-34）。

图 4-34 存储设备领域核心专利技术演变情况

4.3.2　技术层

4.3.2.1　框架层

采用 Innography 专利数据库对全球人工智能框架层领域专利进行深入分析，共检索出 1880 条专利文献。

从图 4-35 可以看出，全球排名前几位的专利权人几乎均为来自日本的通信电子公司，如日本电气股份有限公司、富士通株式会社、株式会社日立制作所、东芝公司等；其中，世界排名第 1 位的专利权人是日本电气股份有限公司；排名第 2 位的是富士通株式会社；世界排名第 3 位的是株式会社日立制作所，分别拥有专利 64 件、59 件、52 件。

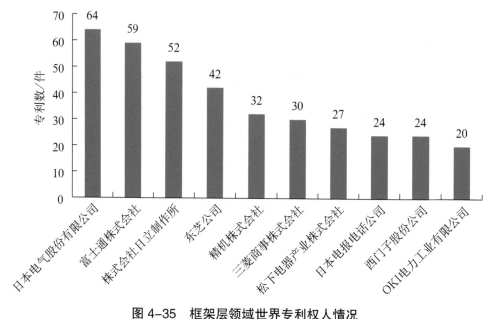

图 4-35　框架层领域世界专利权人情况

　　从图 4-36 可知，中国框架层领域专利权人几乎全部为高等院校，其中，清华大学和浙江大学并列第一，专利拥有量均为 6 件。企业只有沈阳电力供应公司辽宁电力有限公司 1 家，专利拥有量为 4 件。

　　从吉林省专利权人来看，吉林省专利申请机构只有吉林大学 1 家。从图 4-37 可以看出，吉林省在该领域专利拥有量处于弱势，专利申请数量只有 4 件，且全部来自长春市。

　　从图 4-38 可以看出，日本占据人工智能框架层相关专利研发的绝对主导地位，中国和澳大利亚分别居于第 2 位和第 3 位。该领域世界专利拥有量排名前 5 位的国家（地区）分别是日本（623 件）、中国（444 件）、澳大利亚（210 件）、美国（109 件）和欧洲专利局（92 件）。中国产出专利占专利总量的 23%，美国产出专利占比为 6%，韩国产出专利占比为 5%，日本产出专利占比为 33%，澳大利亚产出专利占比为 11%；

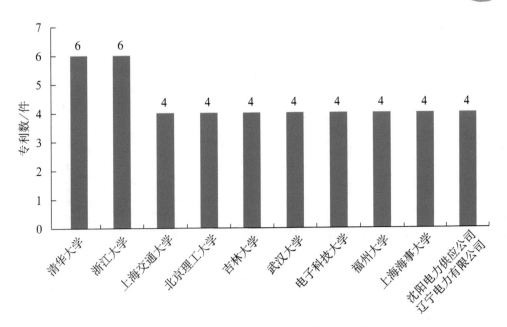

图 4-36 框架层领域中国专利权人情况

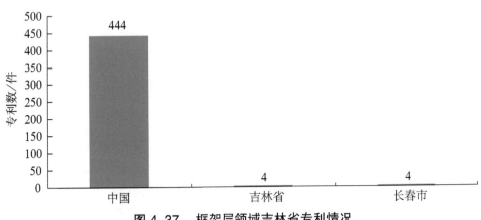

图 4-37 框架层领域吉林省专利情况

从各国输入专利情况来看，中国、韩国及澳大利亚产出专利占比均大于输入专利占比。

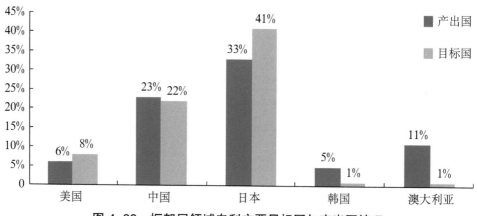

图 4-38　框架层领域专利主要目标国与产出国情况

框架层领域技术热点主要集中在通过待处理数据的指令或内容进行运算的数据处理方法或装置；特别适用于特定功能的数字计算设备或数据处理设备或数据处理方法；专门适用于特定应用的数字计算或数据处理的设备或方法。

框架层领域核心专利按照优先权年和专利强度排序，选取 5 个时间段的 5 件专利，表明该技术领域的延伸发展方向，该领域核心专利最早出现在 1992 年，最近出现在 2010 年（图 4-39）。

图 4-39　框架层领域核心专利技术演变情况

4.3.2.2　算法层

算法层（认知智能）领域采用 Innography 专利数据库对全球人工智能算法层（认知智能）领域专利进行深入分析。截至 2017 年 11 月 6 日，算法层（认知智能）领域共检索出专利 687 件。从全球分布情况来看，美国和日本占据人工智能算法层相关专利研发的主导地位，分别拥有专利 185 件和 153 件。中国在这一领域拥有的专利数为 61 件，排名世界第 6 位。由图 4-40 可知，全球排名前 5 位的专利权人分别为先正达集团、路威酩轩集团、陶氏杜邦公司、赛诺菲公司和三菱化学控股集团。其中，先正达集团于 2016 年 1 月被中国化工集团正式收购，从而奠定了中国在这一领域的主导地位。但是排在前 10 位的其他机构都是来自于别的国家，因此，中国的竞争压力较大。

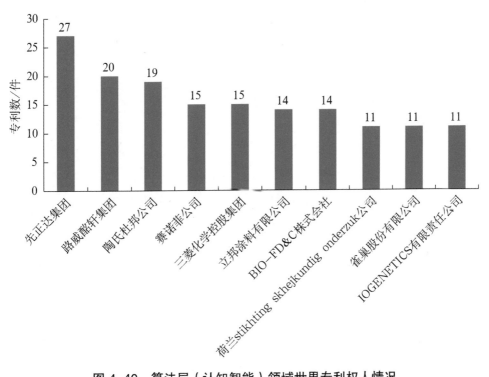

图 4-40　算法层（认知智能）领域世界专利权人情况

由图 4-41 可知，该领域排名前 10 位的专利权人中，企业和高校各占一半。排名前 3 位的机构分别为中国医药大学、福建农林大学和浙江米博瑞生物科技有限公司，专利拥有量分别为 9 件、6 件和 4 件。

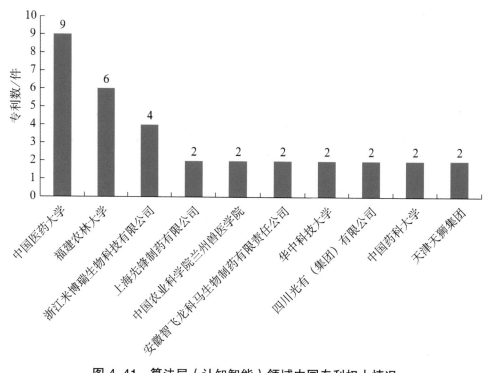

图 4-41　算法层（认知智能）领域中国专利权人情况

从图 4-42 可以看出，中国在本领域共拥有专利 61 件，吉林省在该领域专利拥有量处于弱势，目前还没有申请相关专利。

如图 4-43 所示，在算法层（认知智能）领域相关专利方面，中国是世界各国的主要竞争市场，近 43% 的专利来自于中国以外的其他国家和地区，主要技术热点集中在生活必需品上。

算法层——认知智能领域技术热点主要集中在以下几方面：①人类生活必需品。②医学或兽医学；卫生学。③医用、牙科用或梳妆用的

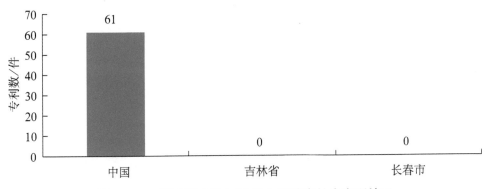

图 4-42　算法层（认知智能）领域吉林省专利情况

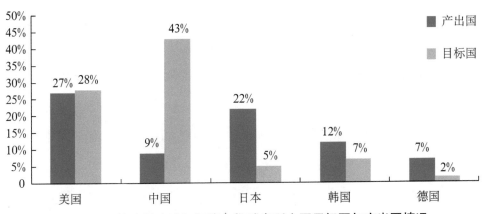

图 4-43　算法层（认知智能）领域专利主要目标国与产出国情况

配置品。④化妆品或类似的梳妆用配制品。⑤含有来自藻类、苔藓、真菌或植物或其派生物，如传统草药的未确定结构的药物制剂等。

　　算法层——认知智能领域核心专利：在该技术领域选取专利强度为 9～10 的核心专利，选取 5 个时间段的 5 件专利，表明该技术领域的延伸发展方向，5 件专利分别为：1995 年 US6271001 B1、1995 年 US6350594 B1、1999 年 US6482942 B1、2005 年 EP1736167 A2、2007 年 EP1985280 B1（图 4-44）。

图4-44 算法层（认知智能）领域核心专利技术演变情况

4.3.2.3 通用技术层

通用技术层（感知智能）领域采用 Innography 专利数据库对全球人工智能通用技术层（感知智能）领域专利进行深入分析。截至 2017 年 11 月 6 日，通用技术层（感知智能）领域共检出专利 1773 件。从全球分布情况来看，中国占据人工智能通用技术层相关专利研发的绝对主导地位。该领域世界专利拥有量排名前 5 位的国家分别是中国（880 件）、美国（514 件）、韩国（82 件）、加拿大（51 件）和日本（51 件）。从图 4-45 可以看出，埃森哲股份有限公司、微软公司、赛门铁克公司和浙江大学在世界排名靠前，在世界排名前 10 位的机构中，有 3 家中国机构，说明中国在这一领域占有一定的优势。

从图 4-46 可以看出，中国该领域排名前 10 位的专利权人中，高校占了 7 席。排名前 3 位的机构分别为浙江大学、百度股份有限公司和国家电网有限公司，分别拥有专利 18 件、16 件、14 件。

从图 4-47 可以看出，中国拥有专利 880 件，吉林省在这一领域只有 1 家机构的 1 件专利，该机构就是吉林大学。

通过图 4-48 可以看出，从各国输出专利情况来看，该领域中国产出专利占专利总量的 29%，美国产出专利占比为 29%，韩国产出专利占比为 5%，日本产出专利占比为 3%，加拿大产出专利占比为 3%；从各国输入专利情况来看，中国是世界各国的主要竞争市场，有 50% 的专利来自于中国以外的其他国家和地区。

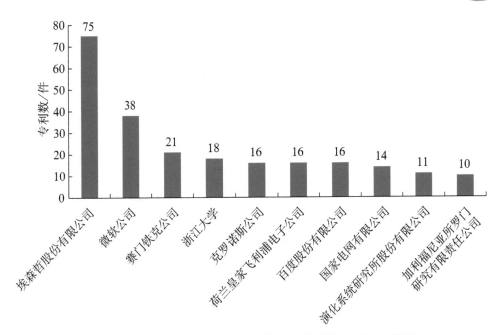

图 4-45 通用技术层(感知智能)领域世界专利权人情况

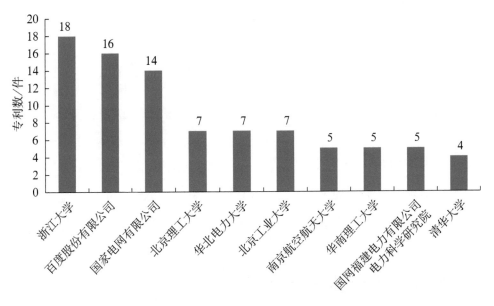

图 4-46 通用技术层(感知智能)领域中国专利权人情况

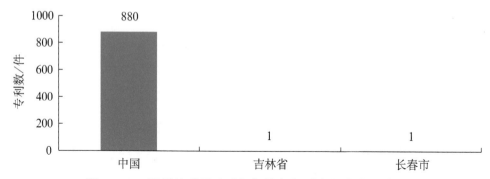

图 4-47　通用技术层（感知智能）领域吉林省专利情况

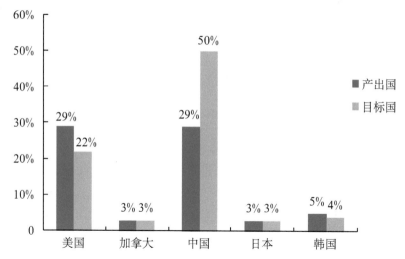

图 4-48　通用技术层（感知智能）领域专利主要目标国与产出国情况

通用技术层——感知智能领域技术热点主要集中在以下几方面：①物理学。②计算；推算；计数。③电数字数据处理。④特别适用于特定功能的数字计算设备或数据处理设备或数据处理方法。⑤程序控制装置，如控制器。

通用技术层——感知智能领域核心专利：在该技术领域选取专利强度为 9 ～ 10 的核心专利，选取 5 个时间段的 5 件专利，表明该技术领域的延伸发展方向，5 件专利分别为：1999 年 US7062076 B1、2001 年 US7231652 B2、2001 年 US6954678 B1、2002 年 US7437344 B2、2008 年 US9202171 B2（图 4-49）。

图 4-49　通用技术层（感知智能）领域核心专利技术演变情况

4.3.3　应用层

4.3.3.1　智能制造

采用 Innography 专利数据库对全球人工智能智能制造领域专利进行深入分析。截至 2017 年 11 月 6 日，智能制造共检出专利 3859 件。从全球分布情况来看，中国占据智能制造领域相关专利研发的绝对主导地位。该领域世界专利拥有量排名前 5 位的国家分别是中国（2586 件）、美国（500 件）、韩国（235 件）、日本（122 件）和加拿大（49 件）。从图 4-50 可以看出，埃森哲股份有限公司、百度股份有限公司、浙江大学等机构在世界排名靠前。中国在这一领域有 5 家机构进入世界前 10 位，说明中国机构在这一领域具有较强优势。

从图 4-51 可以看出，在该领域相关专利方面，中国排名靠前的机构为百度股份有限公司、浙江大学、国家电网有限公司、大连楼兰科技股份有限公司，分别拥有专利 47 件、27 件、25 件、25 件。

从图 4-52 可以看出，吉林省在这一领域的专利数量较少，只有 10 件，分别来自于吉林大学（4 件）、吉林农业大学（3 件）、四平通元热工设备有限公司（2 件）和北华大学（1 件）。

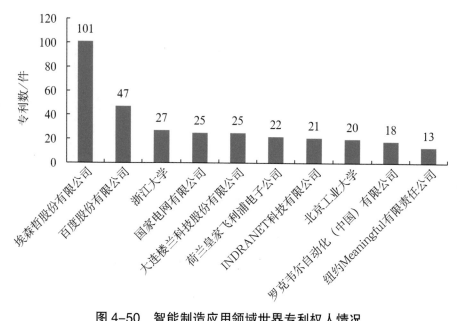

图 4-50　智能制造应用领域世界专利权人情况

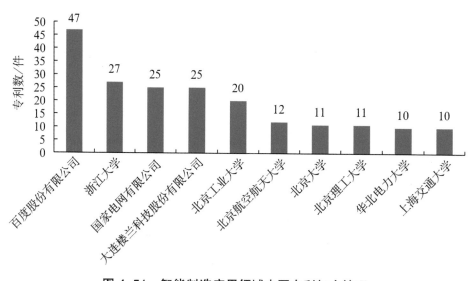

图 4-51　智能制造应用领域中国专利权人情况

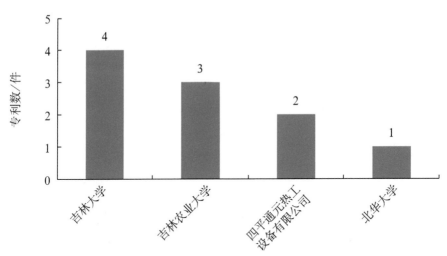

图 4-52　智能制造应用领域吉林省专利权人情况

从图 4-53 可以看出，中国拥有专利 2586 件，吉林省拥有专利 10 件，其中，长春市拥有专利 8 件。

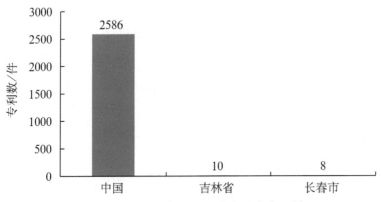

图 4-53　智能制造应用领域吉林省专利情况

以图 4-54 可以看出，从各国输出专利情况来看，中国产出专利占专利总量的 67%，美国产出专利占比为 13%，韩国产出专利占比为 6%，日本产出专利占比为 3%，加拿大产出专利占比为 1%；从各国输入专利情况来看，美国、韩国产出专利占比均大于输入专利占比，中国、日本、加拿大三国产出与输出持平。中国是世界各国的主要竞争市场。

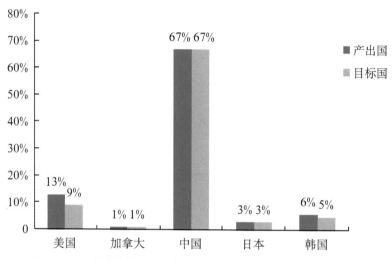

图 4-54　智能制造应用领域专利主要目标国与产出国情况

智能制造应用领域技术热点主要集中在以下几方面：①物理学。②计算；推算；计数。③电数字数据处理。④特别适用于特定功能的数字计算设备或数据处理设备或数据处理方法。⑤专门适用于特定应用的数字计算或数据处理的设备或方法。

智能制造应用领域核心专利：在该技术领域选取专利强度为 9～10 的核心专利，选取 5 个时间段的 5 件专利，表明该技术领域的延伸发展方向，5 件专利分别为：1998 年 US6134539 A、1998 年 US6067537 A、2002 年 US8078330 B2、2005 年 US7510110 B2、2008 年 US9202171 B2（图 4-55）。

| 1998 US6134539 A | 1998 US6067537 A | 2002 US8078330 B2 | 2005 US7510110 B2 | 2008 US9202171 B2 |

图 4-55 智能制造应用领域核心专利技术演变情况

4.3.3.2 智能国防

采用 Innography 专利数据库对全球人工智能智能国防领域专利进行深入分析。截至 2017 年 10 月 30 日，智能国防领域共检出专利 3639 件。从全球分布情况来看，中国占据智能制造领域相关专利研发的绝对主导地位。该领域世界专利拥有量排名前 5 位的国家分别是中国、美国、韩国、德国和俄罗斯。从图 4-56 可以看出，国家电网有限公司拥有 53 件专利，排名第 1 位；韩国电信公司、北京航空航天大学、山东大学和新价值投资有限公司各拥有 17 件专利，并列排名第 2 位。中国在这一领域有 6 家机构进入世界前 10 位，说明中国机构在这一领域具有较强优势。

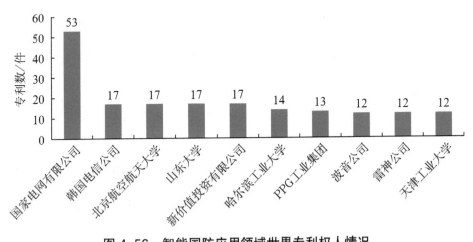

图 4-56 智能国防应用领域世界专利权人情况

从中国机构排名来看，国家电网有限公司拥有 53 件专利，排名第 1 位。

而中国排名前 10 位的机构中，80% 为高校，说明本领域的核心技术主要集中在高校（图 4-57）。

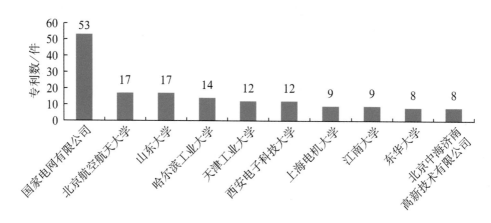

图 4-57　智能国防应用领域中国专利权人情况

从图 4-58 可以看出，吉林大学排名第 1 位，拥有 6 件专利；吉林师范大学工程技术学院和吉林省艾富通科技有限公司并列排名第 2 位，各拥有 2 件专利。

从图 4-59 可以看出，智能国防共检索出中国专利 3085 件，吉林省专利 28 件，其中，26 件来自长春市。

从图 4-60 可以看出，从各国输出专利情况来看，中国产出专利占专利总量的 88%，美国产出专利占比为 7%，韩国产出专利占比为 2%，德国和俄罗斯产出专利占比均为 1%；从各国输入专利情况来看，美国产出专利占比大于输入专利占比，中国、韩国产出专利占比均小于输入专利占比，德国和俄罗斯产出占比和输入占比相当。

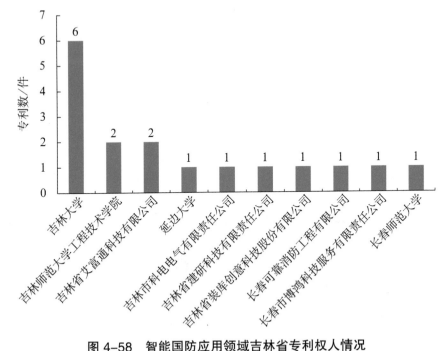

图 4-58 智能国防应用领域吉林省专利权人情况

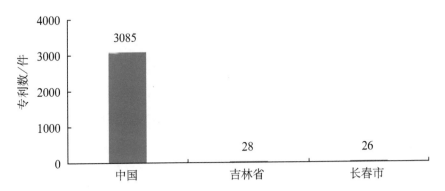

图 4-59 智能国防应用领域吉林省专利情况

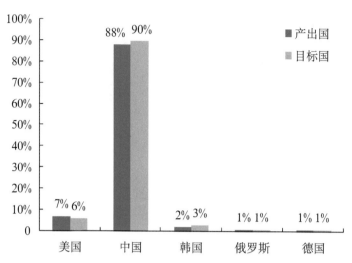

图 4-60　智能国防应用领域专利主要目标国与产出国情况

　　智能国防应用领域主要技术热点集中在以下几方面：①灭火设备的控制。②程序控制系统。③火灾报警器；响应爆炸的报警器。④夜盗、偷窃或入侵者报警器。⑤数字信息的传输，如电报通信 [（1-27/00）不包含的装置、设备、电路和系统]。

　　智能国防应用领域核心专利：在该技术领域选取专利强度为 9 ～ 10 的核心专利，选取 5 个时间段的 5 件专利，表明该技术领域的延伸发展方向，依次为 2005 年 US8560413 B1；2006 年 US9327191 B2；2007 年 US7595815 B2；2010 年 US9247212 B2；2014 年 US20160011318 A1（图 4-61）。

图 4-61　智能国防应用领域核心专利技术演变情况

4.3.3.3　智能营销

采用 Innography 专利数据库对全球人工智能智能营销领域专利进行深入分析。截至 2017 年 10 月 30 日，智能营销领域共检出专利 43 864 件。从图 4-62 可以看出，中国占据智能制造领域相关专利研发的绝对主导地位。世界排名第 1 位的是国家电网有限公司，拥有 952 件专利；华为技术有限公司和诺基亚公司并列排名第 2 位，各拥有 929 件专利。世界专利拥有量排名前 5 位的国家分别是中国、美国、韩国、日本和英国。

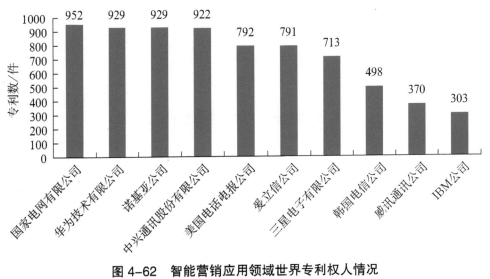

图 4-62　智能营销应用领域世界专利权人情况

从中国机构排名来看，排名第 1 位的是国家电网有限公司，拥有 1018 件专利；华为技术有限公司排名第 2 位，拥有 893 件专利；中兴通讯股份有限公司排名第 3 位，拥有 881 件专利。排名前 9 位的均为企业（图 4-63）。

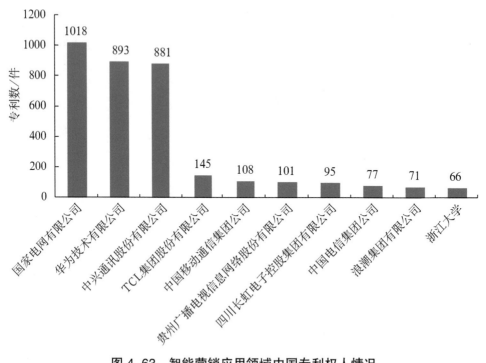

图 4-63　智能营销应用领域中国专利权人情况

从吉林省机构排名情况来看，排名第 1 位的是吉林大学，拥有专利 23 件，排名第 2 位的为国家电网吉林省电力公司，拥有专利 16 件，排名第 3 ～第 5 位的分别为长春理工大学、长春大学科学与工程学院和吉林农业科技大学，各拥有专利 4 件（图 4-64）。

从图 4-65 可以看出，智能营销领域共检索出中国专利 37 882 件，其中，吉林省共检索出专利 78 件，长春市 60 件。长春市的申请数量占吉林省整个专利申请量的 77%。

通过图 4-66 可以看出，从各国输出专利情况来看，中国产出专利占专利总量的 76%，美国产出专利占比为 15%，韩国产出专利占比为 6%，日本和英国产出专利占比均为 1%；从各国输入专利情况来看，美国和英

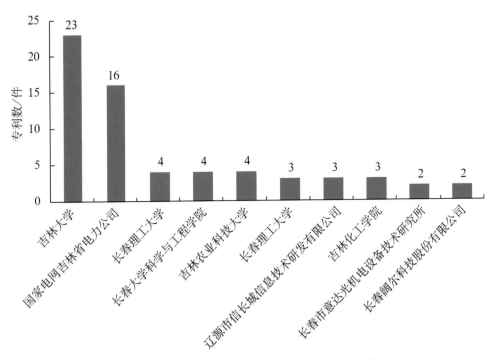

图4-64　智能营销应用领域吉林省专利权人情况

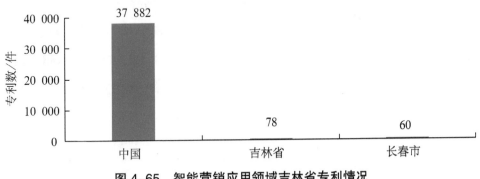

图4-65　智能营销应用领域吉林省专利情况

国产出专利占比大于输入专利占比，中国和日本产出专利占比小于输入专利占比，韩国产出和输入比例相当。

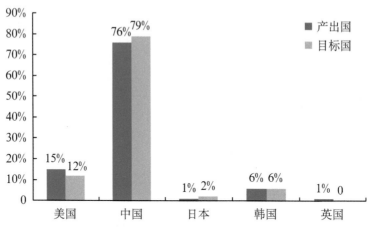

图 4-66　智能营销应用领域专利主要目标国与产出国情况

智能营销应用领域技术热点主要集中在以下几方面：①数据交换网络。②单个组中不包含的装置、设备、电路和系统。③（电话通信）自动或半自动交换局。④程序控制系统。⑤电数字数据处理（计算；推算；计数）。

智能营销应用领域核心专利：在该技术领域选取专利强度为 9～10 的核心专利，选取 5 个时间段的 5 件专利，表明该技术领域的延伸发展方向，5 件专利分别为：1998 年 US7016368 B2，US7830858 B2，US7292600 B2；2000 年 US8706627 B2，2001 年 US7739162 B1（图 4-67）。

图 4-67　智能营销应用领域核心专利技术演变情况

4.3.3.4　智能教育

采用 Innography 专利数据库对全球人工智能智能教育领域专利进行

深入分析。截至 2017 年 10 月 30 日，智能教育领域共检出专利 24 433 件。从图 4-68 来看，中国占据智能制造领域相关专利研发的绝对主导地位。三星电子公司排名世界第 1 位，拥有 733 件专利；国家电网有限公司排名第 2 位，拥有 357 件专利；埃森哲股份有限公司排名第 3 位，拥有 148 件专利。世界专利拥有量排名前 5 位的国家分别是中国、美国、韩国、日本、英国。

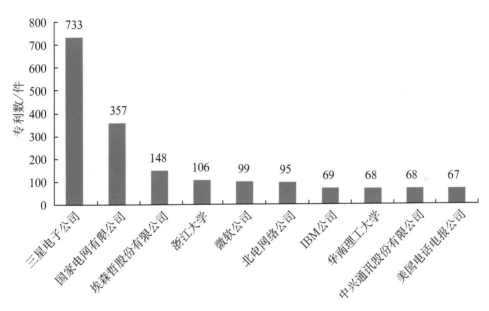

图 4-68　智能教育应用领域世界专利权人情况

从中国机构排名来看，国家电网有限公司排在第 1 位，拥有 265 件专利；浙江大学排名第 2 位，拥有 106 件专利；华南理工大学排名第 3 位，拥有 68 件专利。排名前 10 位的机构中有 7 个为高校（图 4-69）。

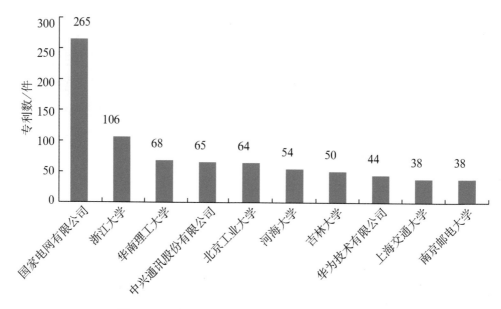

图 4-69　智能制造应用领域中国专利权人情况

从图 4-70 来看，吉林省专利权人在该领域专利数排名中，吉林大学排名第 1 位，拥有 50 件专利；长春大学科学与工程技术学院排名第 2 位，拥有 9 件专利；吉林师范大学工程技术学院排名第 3 位，拥有 8 件专利。

从图 4-71 来看，智能教育应用领域共检索出中国专利 18 830 件，吉林省专利 91 件，其中，长春市专利 81 件。

通过图 4-72 可以看出，从各国输出专利情况来看，中国产出专利占专利总量的 81%，美国产出专利占比为 10%，韩国产出专利占比为 6%，日本产出专利占比为 2%，英国产出专利占比为 1%；从各国输入专利情况来看，美国和韩国产出专利占比大于输入专利占比，中国、英国产出专利占比小于输入专利占比，日本产出和输入比例相当。

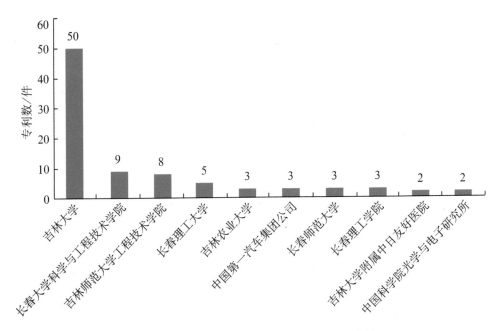

图 4-70　智能教育应用领域吉林省专利权人情况

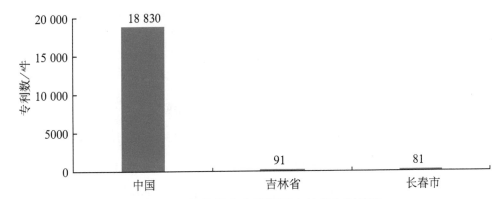

图 4-71　智能教育应用领域吉林省专利情况

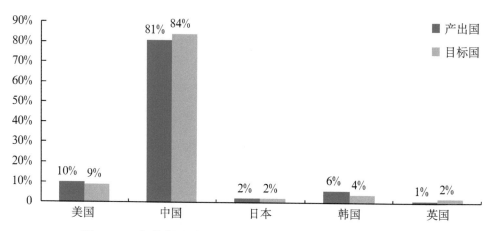

图 4-72　智能教育应用领域专利主要目标国与产出国情况

　　智能教育应用领域主要技术热点集中在以下几方面：①（电操作的教具）教育或演示用具；用于教学或与盲人、聋人或哑人通信的用具；模型；天象仪；地球仪；地图；图表。②程序控制系统。③ H04L 1/00至 H04L 27/00 单个组中不包含的装置、设备、电路和系统。④特别适用于特定功能的数字计算设备或数据处理设备或数据处理方法。⑤道路车辆的交通控制系统。

　　智能教育应用领域核心专利：在该技术领域选取专利强度为 9～10的核心专利，选取 5 个时间段的 5 件专利，表明该技术领域的延伸发展方向，5 件专利分别为：1996 年 US8483754 B2；1999 年 US7397910 B2和 US7062073 B1；2005 年 US8761659 B1；2006 年 US9557723 B2（图4-73）。

图 4-73　智能国防应用领域核心专利技术演变情况

4.3.3.5　智能金融

采用 Innography 专利数据库对全球人工智能智能金融领域专利进行深入分析。截至 2017 年 10 月 30 日，智能金融领域共检出专利 23 479 件。从全球分布情况来看，国家电网有限公司排名世界第 1 位，拥有 674 件专利；三星电子公司排名第 2 位，拥有 670 件专利；中兴通讯股份有限公司排名第 3 位，拥有 197 件专利（图 4-74）。世界专利拥有量排名前 5 位的国家（地区）分别是中国、美国、韩国、日本、中国台湾。

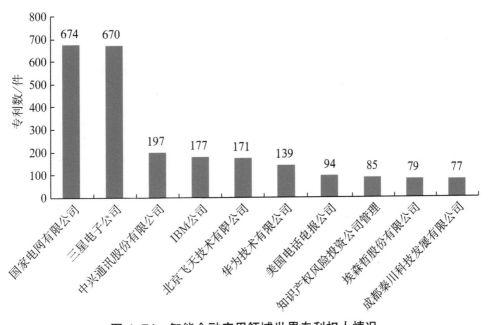

图 4-74　智能金融应用领域世界专利权人情况

从中国机构排名来看，国家电网有限公司拥有 693 件专利，排名第 1 位；中兴通讯股份有限公司拥有 186 件专利，排名第 2 位；华为技术有限公司拥有 130 件专利，排名第 3 位。排名前 10 位的机构全为公司（图 4-75）。

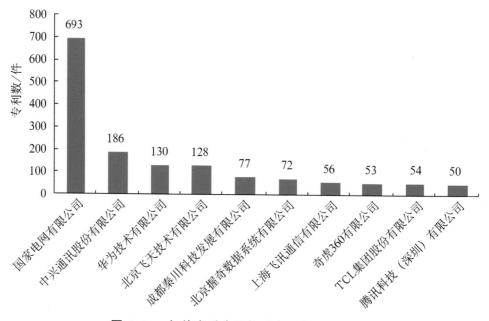

图 4-75　智能金融应用领域中国专利权人情况

从图 4-76 可以看出，吉林省排名前 2 位的专利权人是吉林大学、辽源市信长城信息技术研发有限公司，分别拥有 12 件、9 件专利。长春师范大学和长春理工大学并列第三，专利数均为 4 件。

从图 4-77 可以看出，智能金融应用领域共检索出中国专利 17 442 件，吉林省专利 65 件，其中，长春市专利 52 件。长春市的申请数量占吉林省整个专利申请量的 80%。

从图 4-78 可以看出，从各国（地区）输出专利情况来看，中国产出专利占专利总量的 82%，日本产出专利占比为 1%，美国产出专利占比为 12%，韩国产出专利占比为 4%，中国台湾专利占比为 1%；从各国（地区）输入专利情况来看，韩国、美国产出专利占比大于输入专利占比，中国、日本产出专利占比小于输入专利占比，中国台湾产出和输入比例相当。

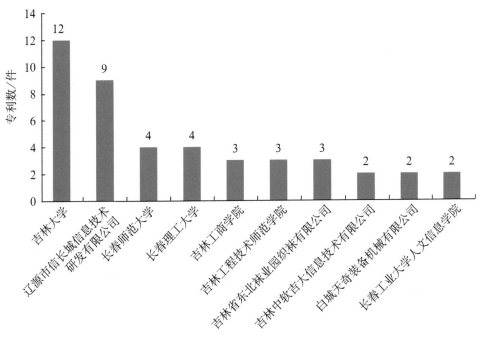

图 4-76　智能金融应用领域吉林省专利权人情况

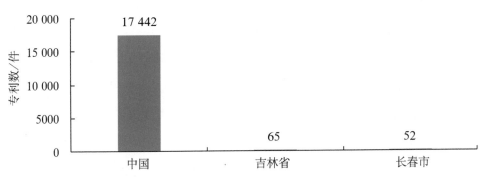

图 4-77　智能金融应用领域吉林省专利情况

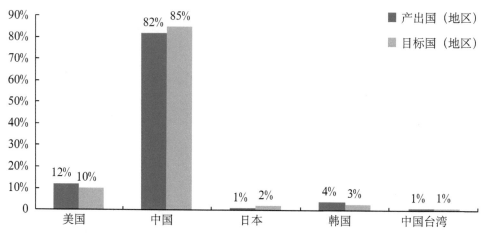

图 4-78   智能金融应用领域专利主要目标国（地区）与产出国（地区）情况

　　智能金融应用领域主要技术热点集中在以下几方面：①程序控制系统。② H04L 1/00 至 H04L 27/00 单个组中不包含的装置、设备、电路和系统。③独个输入口或输出口登记器（时间登记器或出勤登记器；登记或指示机器的运行；产生随机数；投票或彩票设备；未列入其他类目的核算装置、系统或设备）。④支付体系结构、方案或协议（专门适用于行政、商业、金融、管理、监督或预测目的的数据处理系统或方法；其他类目不包含的专门适用于行政、商业、金融、管理、监督或预测目的的处理系统或方法）。⑤数据交换网络。

　　智能金融应用领域核心专利：在该技术领域选取专利强度为 9 ~ 10 的核心专利，选取 5 个时间段的 5 件专利，表明该技术领域的延伸发展方向，5 件专利分别为：1998 年 US7016368 B2，US7830858 B2 和 US7292600 B2；2000 年 US8706627 B2；2002 年 US7734752 B2（图 4-79）。

图 4-79　智能金融应用领域核心专利技术演变情况

4.3.3.6　智能医疗

截至 2017 年 10 月 12 日，智能医疗应用领域共检索出专利 45 065 件。

从图 4-80 来看，该领域世界排名第 1 位的专利权人是三星电子公司，拥有 801 件专利；世界排名第 2 位的是 INTUITIVE SURGICAL 公司，拥有 508 件专利；世界排名第 3 位的是 LG 电子公司，拥有 391 件专利。世界排名前 10 位的专利权人中有 3 家是中国机构。

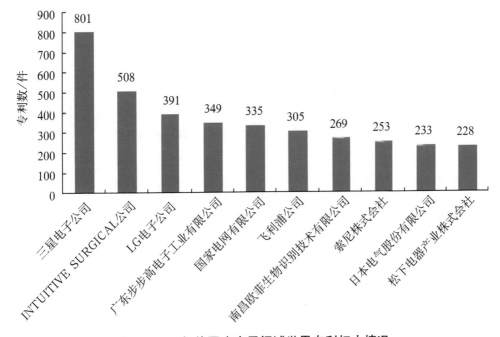

图 4-80　智能医疗应用领域世界专利权人情况

从图 4-81 可以看出，中国专利权人排名前 3 位的分别是广东步步高电子工业有限公司、国家电网有限公司和南昌欧菲生物识别技术有限公司，分别拥有专利 339 件、335 件、269 件。

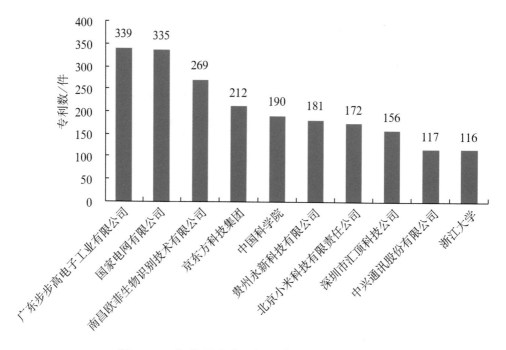

图 4-81　智能医疗应用领域中国专利权人情况

从图 4-82 可以看出，吉林省专利权人在该领域专利数，排名第 1 位的是吉林大学，拥有 40 件专利；长春鸿达光电子与生物统计识别技术有限公司排名第 2 位，拥有 13 件专利；长春工业大学排名第 3 位，拥有 6 件专利。

从图 4-83 来看，中国拥有专利 27 203 件，吉林省拥有专利 110 件，其中，长春市拥有专利 103 件。

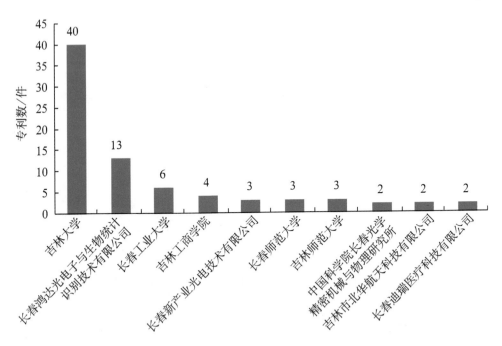

图 4-82 智能医疗应用领域吉林省专利权人情况

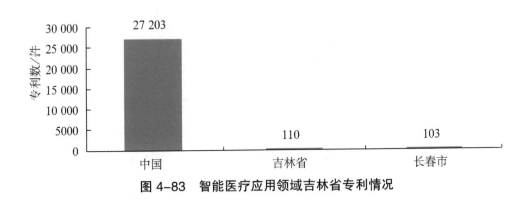

图 4-83 智能医疗应用领域吉林省专利情况

通过图 4-84 可以看出，从各国（地区）输出专利情况来看，中国产出专利占专利总量的 60%，美国产出专利占比为 12%，韩国产出专利占比为 11%，日本产出专利占比为 6%，中国台湾产出专利占比为 2%；从各国（地区）输入专利情况来看，美国、韩国产出专利占比大于输入专利占比，中国、日本和中国台湾产出专利均与输入专利相当。

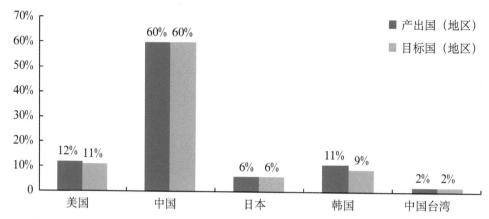

图 4-84　智能医疗应用领域专利主要目标国（地区）与产出国（地区）情况

　　智能医疗应用领域技术热点主要集中在以下几方面：①用于阅读或识别印刷或书写字符或者用于识别图形，如指纹识别、人脸识别、虹膜识别等。②基于生物学模型的计算机系统，如人工神经网络模型等。③计算机辅助外科学；专门适用于外科的操纵器或机器人，如外科手术机器人、医疗机器人、外科手术工具等。

　　智能医疗应用领域核心专利：在该技术领域选取专利强度为 9 ～ 10 的核心专利，选取 5 个时间段的 5 件专利，表明该技术领域的延伸发展方向，5 件专利分别为：1985 年 US4641349 A、1999 年 US7062073 B1；2005 年 CN101291635 B；2010 年 CN102438795 B；2015 年 US9361507 B1（图 4-85）。

图 4-85　智能医疗应用领域核心专利技术演变情况

4.3.3.7 智能家居

截至2017年10月11日，智能家居应用领域共检索出专利34 375件。

从图4-86可以看出，该领域专利数世界排名前3位的专利权人为三星电子公司、LG电子公司和诺基亚公司，分别拥有专利3315件、1587件和932件。

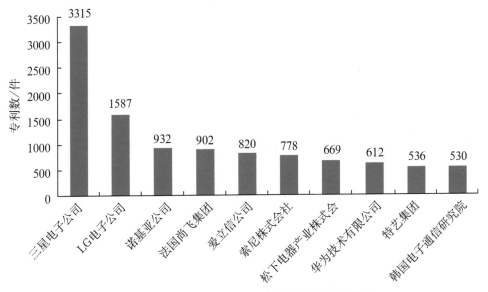

图4-86 智能家居应用领域世界专利权人情况

从中国专利权人来看，华为技术有限公司排名第1位，拥有589件专利；中兴通讯股份有限公司排名第2位，拥有488件专利；北京小米科技有限责任公司排名第3位，拥有276件专利（图4-87）。

从吉林省专利权人来看，排在第1位的是吉林大学，拥有8件专利；吉林工程技术师范学院排名第2位，拥有3件专利；长春工业大学排名第3位，拥有2件专利（图4-88）。

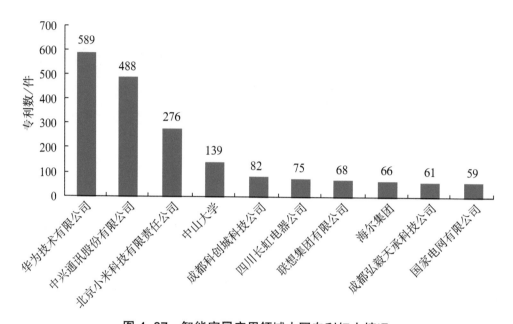

图 4-87　智能家居应用领域中国专利权人情况

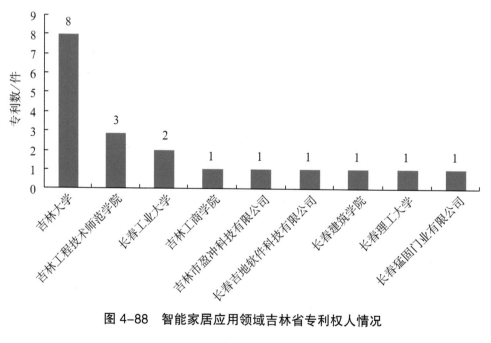

图 4-88　智能家居应用领域吉林省专利权人情况

通过图 4-89 可以看出，中国在该领域拥有专利 11 223 件，吉林省拥有专利 19 件，其中，长春市拥有专利 18 件。

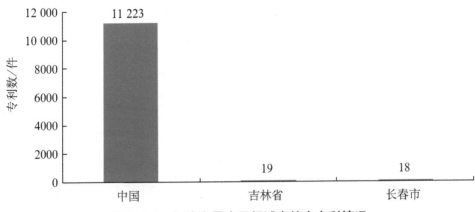

图 4-89　智能家居应用领域吉林省专利情况

通过图 4-90 可以看出，从各国输出专利情况来看，中国产出专利占专利总量的 33%，韩国产出专利占比为 22%，美国产出专利占比为 17%，日本产出专利占比为 9%，法国产出专利占比为 5%；从各国输入

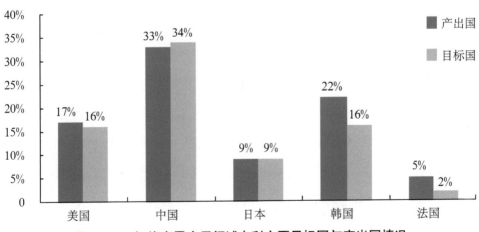

图 4-90　智能家居应用领域专利主要目标国与产出国情况

专利情况来看，韩国、美国、法国产出专利占比大于输入专利占比，中国产出专利占比小于输入专利占比，而日本产出专利与输入专利相当。

智能家居应用领域技术热点主要集中在以下几方面：①数据交换网络。②程序控制系统，如远程控制、自动抄表等。③专门适用于与其他电系统组合的电话通信系统。④用于将所要处理的数据转变成计算机能够处理的形式的输入装置；用于将数据从处理机传送到输出设备的输出装置。

智能家居应用领域核心专利：在该技术领域选取专利强度为 9～10 的核心专利，选取 5 个时间段的 5 件专利，表明该技术领域的延伸发展方向，5 项专利分别为：1986 年 US4817131 A；1997 年 CN101494646 B；2000 年 US7620703 B1；2008 年 CN101946536 B；2015 年 US9632746 B2（图 4-91）。

图 4-91　智能家居应用领域核心专利技术演变情况

4.3.3.8　智能农业

截至 2017 年 10 月 11 日，智能农业应用领域共检索出专利 1395 件。从世界专利权人来看，世界排名前 10 位的机构中有 7 家是中国机构，排名首位的是 Iteris 公司，拥有 25 件专利；浙江大学拥有 15 件专利，排名第 2 位；中国科学院和开源发明网络公司均拥有 14 件专利，并列排名第 3 位（图 4-92）。

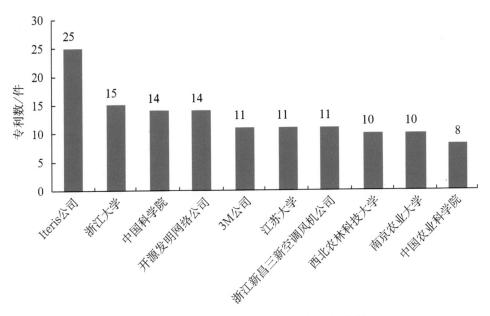

图 4-92　智能农业应用领域世界专利权人情况

从中国专利权人来看，排名第 1 位的是浙江大学，拥有专利 15 件；排名第 2 位的是中国科学院，拥有专利 14 件；江苏大学和浙江新昌三新空调风机有限公司并列第 3 位，各拥有专利 11 件（图 4-93）。

从吉林省专利权人来看，排名第 1 位的是吉林大学，拥有 2 件专利；吉林农业大学、吉林航盛电子有限公司、长春金迪生物科技有限公司、长春理工大学和长春工业大学均拥有 1 件专利（图 4-94）。

通过图 4-95 可以看出，中国在该领域拥有专利 1257 件，吉林省拥有专利 7 件，其中，长春市拥有专利 6 件。

通过图 4-96 可以看出，从各国（地区）输出专利情况来看，中国产出专利占专利总量的 90%，美国产出专利占比为 6%，韩国产出专利占比为 1%，日本产出专利占比为 0，中国台湾产出专利占比为 0；从各

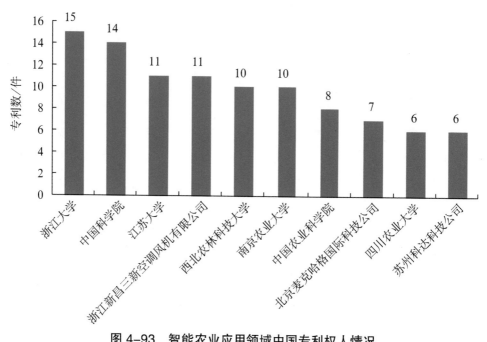

图 4-93 智能农业应用领域中国专利权人情况

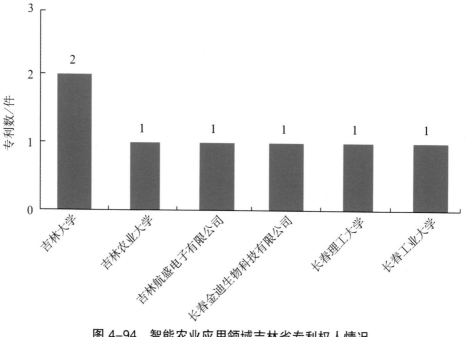

图 4-94 智能农业应用领域吉林省专利权人情况

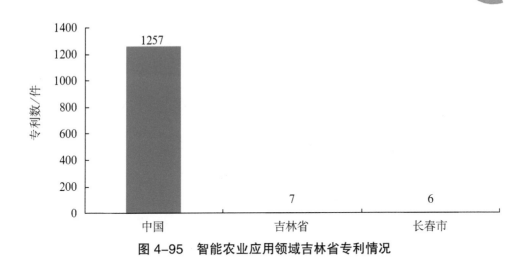

图 4-95 智能农业应用领域吉林省专利情况

国（地区）输入专利情况来看，美国产出专利占比大于输入专利占比，日本产出专利占比小于输入专利占比，而中国、韩国和中国台湾产出与输入比例相当。

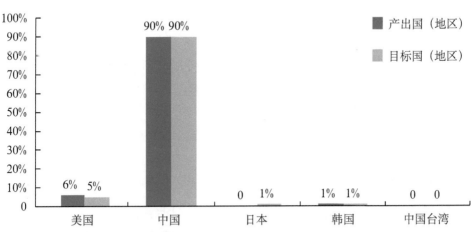

图 4-96 智能农业应用领域专利主要目标国（地区）与产出国（地区）情况

智能农业应用领域主要技术热点集中在以下几方面：①程序控制系统，如远程控制、控制模块等。②特别适用于特定功能的数字计算设备

或数据处理设备或数据处理方法，如图像处理、图像分析等。③移栽机械，如水稻插秧机等。④用于阅读或识别印刷或书写字符或者用于识别图形，如指纹的采集方法或装置。

智能农业应用领域核心专利：在该技术领域选取专利强度为 9 ～ 10 的核心专利，选取 5 个时间段的 5 件专利，表明该技术领域的延伸发展方向，5 件专利分别为：1994 年 US6468678 B1；1998 年 US6950013 B2；2007 年 CN101600886 B；2011 年 US9105128 B2；2015 年 US20160247079 A1（图 4-97）。

图 4-97 智能农业应用领域核心专利技术演变情况

4.3.3.9 其他应用领域

截至 2017 年 10 月 11 日，其他应用领域共检索出专利 13 571 件。从世界专利权人来看，该领域世界排名前 3 位的专利权人分别为科乐美公司、Aruze 公司和微软公司，分别拥有专利 447 件、342 件和 243 件（图 4-98）。

从图 4-99 可以看出，中国专利权人在该领域的专利数排名：国家电网有限公司排名第 1 位，拥有 42 件专利；中国科学院排名第 2 位，拥有 41 件专利；腾讯科技（深圳）有限公司和浙江大学并列第三，拥有 13 件专利。

从图 4-100 可以看出，吉林省专利权人共有 4 家机构，排在首位的是吉林大学，拥有 4 件专利；吉林市亚迪电子技术应用研究所、长春工业大学、长春数控机床有限公司各拥有 1 件专利。

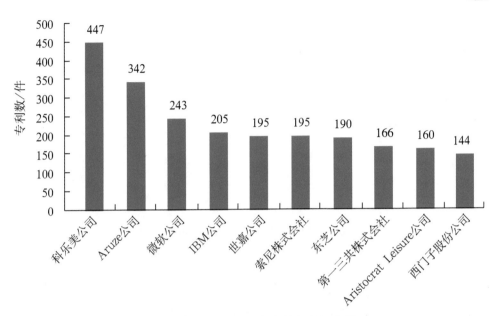

图4-98 其他应用领域世界专利权人情况

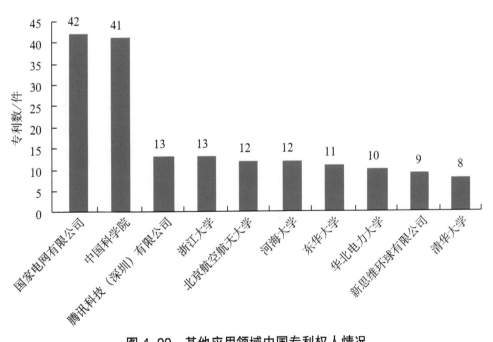

图4-99 其他应用领域中国专利权人情况

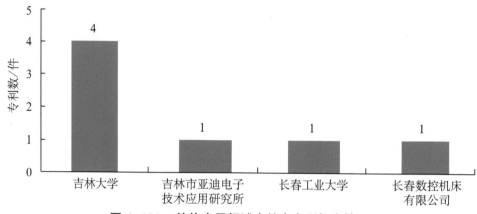

图 4-100　其他应用领域吉林省专利权人情况

通过图 4-101 可以看出，中国拥有其他应用领域的专利 1951 件，吉林省拥有专利 7 件，其中，长春市拥有专利 6 件。

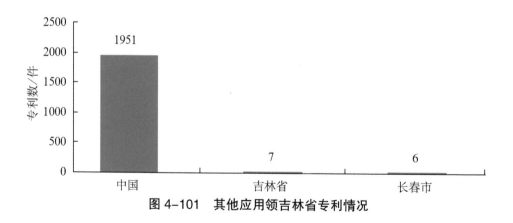

图 4-101　其他应用领吉林省专利情况

通过图 4-102 可以看出，从各国输出专利情况来看，美国产出专利占专利总量的 33%，日本产出专利占比为 27%，中国产出专利占比为 14%，英国产出专利占比为 4%，韩国产出专利占比为 4%；从各国输入专利情况来看，美国、日本、英国产出专利占比大于输入专利占比，中国、韩国产出专利占比小于输入专利占比，说明中国和韩国专利输入的比较多。

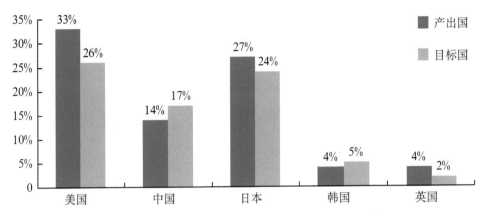

图 4-102 其他应用领域专利主要目标国与产出国情况

　　其他应用领域技术热点主要集中在以下几方面：①视频游戏，即使用二维或多维电子显示器的游戏。②特别适用于特定功能的数字计算设备或数据处理设备或数据处理方法。③用于出租物品的投币式设备；投币式器具或设施，如游戏机、老虎机等。④用于将所要处理的数据转变成计算机能够处理的形式的输入装置；用于将数据从处理机传送到输出设备的输出装置。

　　其他应用领域核心专利：在该技术领域选取专利强度为 9 ～ 10 的核心专利，选取 5 个时间段的 5 件专利，表明该技术领域的延伸发展方向，5 件专利分别为：1986 年 US6144953 A；1997 年 US8275959 B2；2004 年 US8107401 B2；2011 年 CN103226949 B；2015 年 US9473758 B1（图 4-103）。

图 4-103 其他应用领域核心专利技术演变情况

第 5 章
人工智能产业发展前景分析

5.1　人工智能国内外市场规模及发展趋势分析

人工智能市场将保持高速增长，2015 年，全球 AI 市场规模约为 484 亿元，根据 BBC 的预测，到 2020 年，全球 AI 市场规模将到 1190 亿元左右（图 5-1），中国约为 91 亿元。

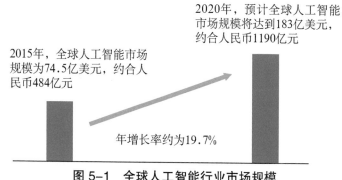

2015年，全球人工智能市场规模为74.5亿美元，约合人民币484亿元

2020年，预计全球人工智能市场规模将达到183亿美元，约合人民币1190亿元

年增长率约为19.7%

图 5-1　全球人工智能行业市场规模

2014 年，中国人工智能行业市场规模为 181 亿元，2017 年将会达到 295 亿元，增长近 63%，整个人工智能市场呈现爆炸式增长（图 5-2）。随着技术的逐渐成熟，一些企业已经将人工智能应用到某些特殊场景进

而产生商业价值。

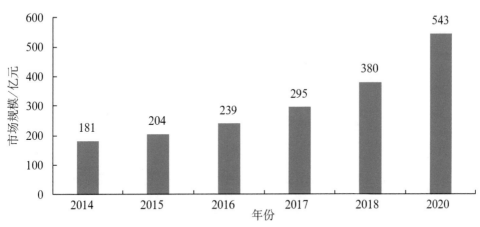

图 5-2 中国人工智能行业市场规模

注：2017 年、2018 年、2020 年为预测数据。

5.2 人工智能国内外投资现状及发展趋势分析

自觉采用人工智能技术的公司中，有 20% 是早期采用者，集中在高科技 / 电信，汽车 / 装配和金融服务行业。2016 年，包括百度和谷歌在内的科技巨头在人工智能上的花费为 200 亿～300 亿美元，其中，90%用于研发和部署，10% 用于人工智能收购。

风险投资（VC）、私募股权投资（PE）和其他外部资金只占总投资的一小部分（9%）。在所有公开数据的类别中，并购在 2013—2016 年增长最快（85%）。报告引用了许多内部发展案例，包括亚马逊对机器人和语音识别的投资，以及虚拟代理和机器学习方面 Salesforce 的案例。宝马、特斯拉和丰田在机器人和机器学习方面进行投资，以用于其无人驾驶汽车项目。丰田计划投资 10 亿美元建立一个致力于机器人和无人驾

驶车辆 AI 技术的新型研究机构。

机器人和语音识别是两个最受欢迎的投资领域。投资者最喜欢机器学习初创公司，因为基于代码的初创公司能够快速扩展出新功能。基于软件的机器学习初创公司比成本更高的基于机器的机器人公司更受欢迎。由于这些因素及其他一些原因，公司并购在这一领域飙升，从 2013 年到 2016 年，复合年均增长率（CAGR）达到 80% 左右。

高科技、通信和金融服务将成为未来 3 年内采用人工智能的主导行业。这 3 个行业的专利和知识产权（IP）竞争加剧。随着时间的推移，领先科技公司目前的设备、产品和服务的发展路径将展现出其研发实验室今天的创新活动水平。例如，在金融服务方面，经人工智能优化的欺诈检测系统的准确性和速度提高带来了明显的益处，预计 2020 年市场将达到 30 亿元。

医疗、金融服务和专业服务在采用人工智能技术后，利润得到了最快增长。受益于高级管理人员支持人工智能的公司已经投资基础设施，来支持其规模，并有明确的业务目标，使利润率提高 3% ～ 15%。

第 6 章
人工智能领域文献计量分析

6.1　中国人工智能领域文献计量分析

　　为了全面掌握中国人工智能领域研究现状，吉林省科学技术信息研究所对中国人工智能领域的文献进行了检索和分析。数据库采用《中国知识资源总库》（CNKI 数据库），检索时间范围：1979 年 1 月 1 日至 2018 年 1 月 1 日。共检索到中文文献数据 94 088 条（图 6-1）。

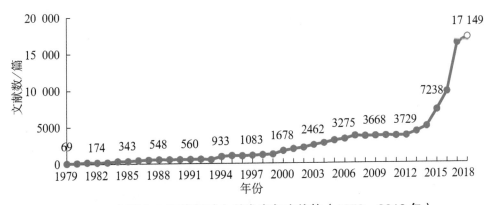

图 6-1　中国人工智能领域文献发表年度趋势（1979—2018 年）
注：2018 年为预测数据。

1993 年，中国把智能控制和智能自动化等项目列入国家科技攀登计划，使中国人工智能领域的相关研究成果从 1994 年开始出现了大幅增长。

2013 年 3 月，"神经网络之父"杰弗里·埃弗里斯特·辛顿（Geoffrey Everest Hinton）加入谷歌，使谷歌的图像识别和安卓系统音频识别的性能得到大幅提升。他将神经网络带入研究与应用的热潮，将"深度学习"从边缘课题变成了谷歌等互联网巨头仰赖的核心技术，并将反向传播算法应用到神经网络与深度学习。从而推动了人工智能的新一轮发展，也开启了人工智能领域学术研究的热潮，这一点在人工智能领域的国内发文量上也得到了充分的体现。

从图 6-2 可以看出，中国人工智能领域的相关研究以人工智能、机器人、计算机视觉等方面的研究为核心，向遗传算法、神经网络、专家系统、图像处理、模糊控制、数据挖掘、知识工程等技术领域进行深层次研究扩展。

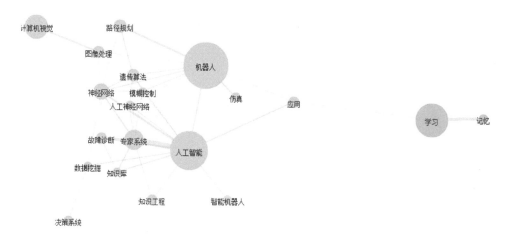

图 6-2　中国人工智能领域文献关键词共现网络

从图 6-3 可以看出，中国人工智能领域科研实力较强的机构主要集中在高校，其中，哈尔滨工业大学的蔡鹤皋、赵杰、吴林；北京航空航天大学的王田苗、宗光华；中南工业大学的蔡自光；华中理工大学的黄心汉；华南理工大学的谢存禧；同济大学的陈辉堂；上海交通大学的杨汝清、颜国正等人的发文量排名靠前。除了能够反映出个人的科研实力之外，同一机构的高水平研究人员越多，说明机构在人工智能领域的整体科研实力较强。

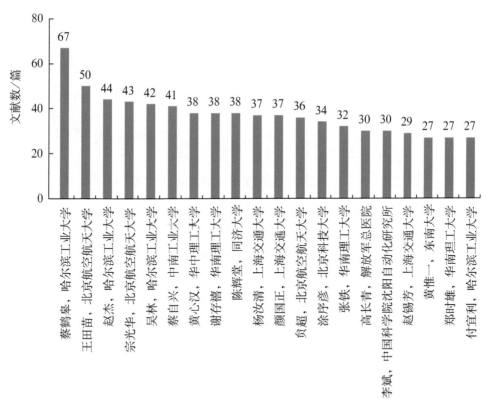

图 6-3　人工智能领域全国发文量排名前 20 位的作者分布情况

从图 6-4 可以看出，人工智能领域全国发文量排名前 20 位的机构分布情况如下：哈尔滨工业大学、上海交通大学、浙江大学、清华大学等高校的研究实力在全国排名靠前，吉林大学全国排名第 8 位，具有较强的研究实力。

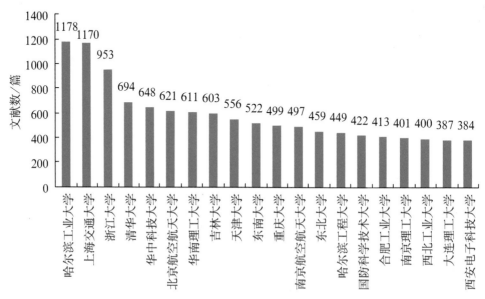

图 6-4　人工智能领域全国发文量排名前 20 位的机构分布情况

6.2　吉林省人工智能领域文献计量分析

以人工智能、机器人、神经网络、认知智能、感知智能、计算机视觉、机器学习等 20 余个关键词为检索条件对吉林省人工智能领域的文献进行模糊检索，检索时间范围为 1979 年 1 月 1 日至 2018 年 1 月 1 日，共检索到文献数据 5066 条。

如图 6-5 所示，吉林省人工智能领域文献发表情况与全国基本保持一致，从 1994 年开始进入快速增长期，并在 2007 年达到最高点，2007

年之后，每年的发文量都在 300 篇上下波动。

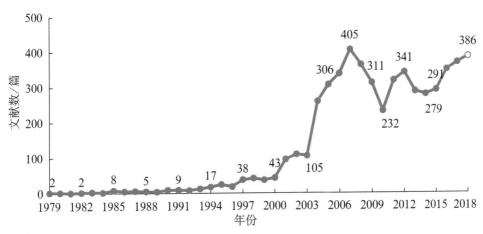

图 6-5 吉林省人工智能领域文献发表年度趋势（1979—2018 年）
注：2018 年为预测数据。

从图 6-6 可以看出，中国人工智能领域的相关研究以神经网络、遗传算法、BP 神经网络、人工神经网络等方面的研究为核心，向机器学习、支持向量机、小波变换、模式识别、故障诊断、特征提取、预测、仿真、计算机视觉、专家系统、模糊神经网络等技术领域进行深层次研究扩展。

从图 6-7 可以看出，吉林省人工智能领域科研实力较强的机构主要集中在高校，其中，吉林大学的赵丁选、田彦涛、梁艳春、杨兆升、周春光、潘保芝、孙永海、许纯新、倪涛、刘大有、卢文喜；东北电力大学的周云龙，在人工智能领域发表学术论文数排在前面。

由图 6-8 可知，吉林大学、吉林农业大学、吉林工业大学、长春工业大学等高校在人工智能领域的研究实力在吉林省排名靠前。

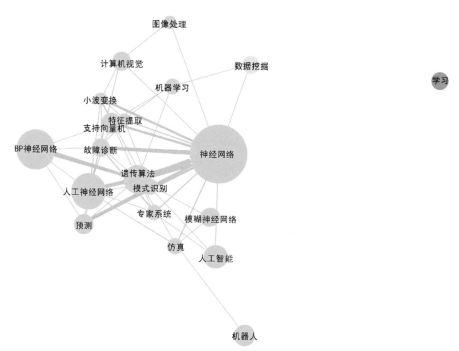

图 6-6 吉林省人工智能领域文献关键词共现网络

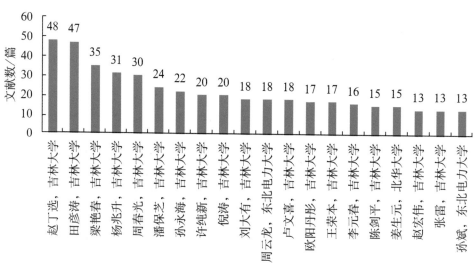

图 6-7 人工智能领域吉林省发文量排名前 20 位的作者分布情况

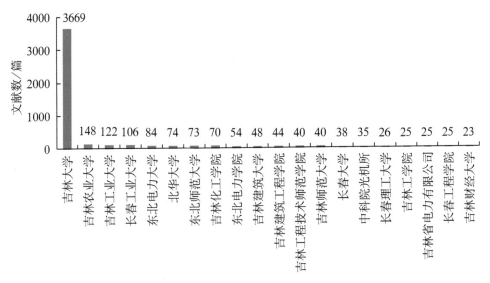

图6-8　人工智能领域吉林省发文量排名前20位的机构分布情况

从图6-9可以看出，吉林省开展人工智能领域科学研究主要受到国家自然科学基金的支持，占所有文献资助比例的47.62%，吉林省科技发展计划基金和国家高技术研究发展计划基金支持分别排在第2、第3位，分别占所有文献资助比例的16.96%和16.19%，高等学校博士学科点专项科研基金支持排在第4位，占所有文献资助比例的6.63%。因此，除了依靠国家的支持之外，吉林省科技发展计划基金是支持吉林省人工智能领域创新研究的主导力量。

从图6-10可以看出，吉林省在人工智能领域发表学术论文所涉及的主要学科包括自动化技术、计算机软件及计算机应用、汽车工业、地质学、公路与水路运输等，其中，自动化技术领域发表学术论文1876篇，计算机软件及计算机应用领域发表学术论文899篇，汽车工业发表学术论文320篇。

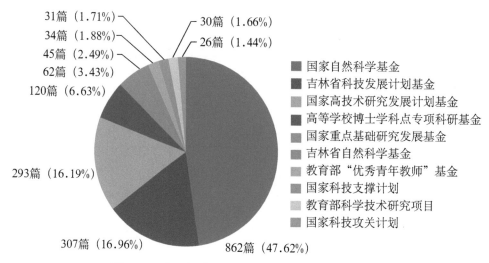

31篇（1.71%）
34篇（1.88%）
45篇（2.49%）
62篇（3.43%）
120篇（6.63%）
30篇（1.66%）
26篇（1.44%）

293篇（16.19%）

307篇（16.96%）
862篇（47.62%）

- 国家自然科学基金
- 吉林省科技发展计划基金
- 国家高技术研究发展计划基金
- 高等学校博士学科点专项科研基金
- 国家重点基础研究发展基金
- 吉林省自然科学基金
- 教育部"优秀青年教师"基金
- 国家科技支撑计划
- 教育部科学技术研究项目
- 国家科技攻关计划

图 6-9　人工智能领域吉林省发文所属基金情况

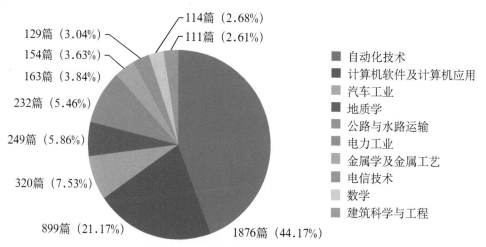

114篇（2.68%）
111篇（2.61%）
129篇（3.04%）
154篇（3.63%）
163篇（3.84%）
232篇（5.46%）

249篇（5.86%）

320篇（7.53%）

899篇（21.17%）
1876篇（44.17%）

- 自动化技术
- 计算机软件及计算机应用
- 汽车工业
- 地质学
- 公路与水路运输
- 电力工业
- 金属学及金属工艺
- 电信技术
- 数学
- 建筑科学与工程

图 6-10　人工智能领域吉林省学科分布情况

主要技术领域检索式

1 基础层

1.1 数据资源

检索式：@(abstract, title) ("data platform" or "database platform" or "data terrace" or "data resource" or "resource database" or "resource library" or "resource base" or "resource bank" or "resource pool" or "resource repository" or "data service" or "data servic" or "data services" or "data server")

1.2 云计算

检索式：@(abstract, title) ("cloud computing" or "cloud platform")

1.3 芯片

检索式：@(abstract, title) ("chip") and (@meta IPC_G06N or @meta IPC_G11C or @meta IPC_G06K or @meta IPC_G08B or @meta IPC_G06Q)

1.4 传感器

检索式：@(abstract, title) ("intelligent sensor" or "Smart Sensor" or "humidity sensors" or "fiber grating sensor" or "IRC-TM" or "infrared gas

sensor" or "CMOS image sensor" or "quartz temperature sensor" or "wireless sensor" or "Auto Sensors" or "biosensor" or "The Internet of things sensor" or "fingerprint sensor" or "distributed fiber sensor ")

1.5 存储设备

检索式：@(abstract, title) ("Random Access Memory" or "RAM" or "Read Only Memory" or "ROM" or "CD-ROM" or "DVD-ROM" or "cloud disk" or "cloud storage" or "hard disk" or "SDD" or "HDD" or "floppy disk" or "flash memory" or "Flash" or "NAND" or "SRAM" or "USB flash drive" or "OnlyDisk" or "flash drive" or "USB flash disk" or "phonological store" or "speech memory" or "phonetic memory" or "voice data store" or "neural network storage") and @(abstract, title) ("Artificial Intelligence" or "AI" or "Artificial Intelligent")

2 技术层

2.1 框架层

检索式：@(abstract, title) ("Caffe" or "CNTK" or "TensorFlow" or "Deeplearing4j" or "DMTK" or "Torch" or "Theano" or "H2O" or "Mahout" or "MLlib" or "OpenNN" or "OpenCyc" or "oryx2" or "DTPAR" or "ROS" or "Spark" or "Keras" or "MxNet" or "Chainer" or "Scikit-neuralnetwork" or "Theano-lights" or "Deeppy" or "Idlf" or "Reinforcejs" or "OpenDeep" or "MXNetJS" or "DSSTNE" or "Speed" or "sci-kitlearn" or "SystemML" or "Microsort DMTK") and @(abstract, title) ("Artificial Intelligence" or "AI" or "Artificial Intelligent")

2.2 算法层

检索式：@(abstract, title) (("mental" or "artificial") and ("intelligen*" or "intellect*" or "aptitude" or "wisdom" or "resource") or "ai") and ((("computer" or "machin*") and ("learn*" or "study")) or "learn* machin*" or "integrated learning technique" or "API" or (("reinforce*" or "strengthening" or "improve" or "deep") and "learning"))

2.3 通用技术层

检索式：@(abstract, title) (("mental" or "artificial") and ("intelligen*" or "intellect*" or "aptitude" or "wisdom" or "resource") or "ai") and (@ meta IPC_G06000 or @ (abstract, title) ("reasoning" or "inference" or "environment* aware*" or "environment* perception" or "natural language* process*" or "natural language* treatment" or "nlp" or "semantic* recognition" or "semantic* identifying" or (("audio" or "phon*" or "sound" or "phonetic" or "speech" or "voice") and ("recogni*" or "identif*" or "discernment" or "distinguish*" or "synthesize")) or "Auto* translation" or (("bio*" or "biometric*" or "organism" or "living beings" or "human being") and ("recognition" or "identif*")) or (("pc" or "calculator" or "comput*") and ("visio*" or "visual" or "version" or "stereo" or "optic" or "view")) or (("image*" or "pattern" or "picture") and ("recogni*" or "identif*" or "distinguish*" or "discriminat*" or "discerning" or "classify")) or "fac* recogni*" or "fac* identification" or "image retrieval" or "SLAM" or "CML" or "Sensor* fusion" or "Sensor* mixture" or "rout* plan*" or "path* plan*" or "motion plan*" or "trajectory plan*" or "path* programming" or "route

programming" or "road programming" or "route layout" or "optimal path planning" or "tool path planning" or "welding path planning" or "path design" or "path generation" or "path routing" or "path search" or "visual process*" or "vision process*") and ("technolog*" or "technique*" or "engines"))

3 应用层

3.1 智能制造

检索式：@(abstract, title) ((("mental" or "artificial")and ("intelligen*" or "intellect*" or "aptitude" or "wisdom" or "resource")or "ai") and (("Intelligen* manufactur*") or ("Intelligen* machin*") or ("Intelligen* equipment") or ("manufacturing digital") or "industr*" or "commercial*" or "bcaif" or ("intelligent machin*") or ("intellectual faculties mechanism") or "CPS" or ("intelligent logistic*") or ("automated vehicle") or ("unmanned aerial vehicle") or ("unmanned air vehicle") or ("unmanned aircraft") or "pilotless" or ("unpiloted aircraft") or "CIMS" or ("computer integrated manufacturing system") or "Robot*" or "manipulator*" or "golem"))

3.2 智能国防

检索式：@(abstract, title) ("artificial intelligen*" or "artificial intellect" or "artificial intellectual" or "artificial aptitude" or "artificial wisdom" or "intelligence") and (("defense" or "defence" or "aerospace" or "spaceflight" or "military" or "army" or "troop" or "weapon" or "combat" or "battle" or "fighting" or "campaign" or "aircraft carrier" or "air force" or "navy" or "sea service" or "land force" or "ground force") or (("monitor*" or "pilots" or "operation*" or "information") and (@meta IPC_B63G011 or ipc_b64d007 or ipc_f42b003008 or ipc_g01s019018)))

3.3 智能营销

检索式：@(abstract, title) (("artificial intelligen*" or "artificial intellect" or "artificial intellectual" or "artificial aptitude" or "artificial wisdom" or "intelligence") and ("advertisement" or "advert" or "poster" or "warehouse logistics" or "storage logistics" or "products storage circulation" or "warehousing system" or "shopping guide" or "guide purchase" or "service" or "sales" or "marketing" or "consumer" or "consumers" or "after sale" or "brand" or "brands" or "virtual assistant"))

3.4 智能教育

检索式：@(abstract, title) (("artificial intelligen*" or "artificial intellect" or "artificial intellectual" or "artificial aptitude" or "artificial wisdom" or "intelligence") and ("education" or "teaching" or "home tutoring" or "learning" or "study" or "classroom" or "class" or "guidance" or "counseling" or "tutorship" or "student" or "university" or "college" or "primary school" or "elementary school" or "middle school" or "high school" or "secondary school" or "early educational" or "kindergarten" or "preschool"))

3.5 智能金融

检索式：@(abstract,title)("artificial intelligen*" or "artificial intellect" or "artificial intellectual" or "artificial aptitude" or "artificial wisdom" or "intelligence")and("investment" or "invest" or "investing" or "investment counselor " or "customer service" or "client service" or "gets customer" or

"personal identification" or "human identification" or "credit investigation" or "credit checking" or "risk control" or "risk controlling" or "risk management" or "financial" or "finance" or "banking" or "payment" or "pay" or "paying" or "credit" or "loan" or "bank" or "banks" or "securities" or "security" or "stock" or "insurance")

3.6　智能医疗

检索式：@(abstract, title) ("biometrics technology" or "retina recognition" or "iris recognition" or "iris identification" or "palmprint recognition" or "palmprint identification" or "fingerprint identification" or "fingerprint recognition" or "face recognition" or "voice verification" or "acoustics recognition" or "sound recognition" or "signature dynamics" or "odor discrimination" or "DNA recognition" or (("intelligence" or "intelligent") and ("Intelligent Image Processing" or "image edge detection" or "image segmentation" or "image feature extraction" or "image feature analysis" or "image registration" or "image fusion" or "image classification" or "image recognition" or "image identification" or "pattern recognition" or "content-based image retrieval" or "image digital watermarking" or "image watermarking" or "digital image watermarking" or "image acquisition" or "image collection" or "image capture" or "image transform*" or "image enhancement" or "image restoration" or "image coding" or "image encoding" or "image compression" or "image compressing")) or "intelligent diagnosis" or "intelligence diagnosis" or "virtual assistant" or "computer-aided diagnosis" or "intelligent detection" or "intelligent measurement" or "smart capsule" or "intelligent wrister" or "intelligent urinalysis instrument" or "intelligent blood glucose meter" or "intelligent electrocardiogram instrument" or "intellective thermometer" or "intelligent Body fat weight" or "intelligent sphygmomanometer" or "Bluetooth sphygmomanometer" or "USB sphygmomanometer" or "GPRS sphygmomanometer" or "Wifi sphygmomanometer" or "intelligent prostheses" or "medical robot*" or "surgical robot" or "automatic writing" or "artificial neural networks" or "BP neural network" or "hopfield neural network" or "intelligent health management" or "risk identification" or "virtual nurse*" or "mental health" or "online interrogation" or "health intervention" or "wearable sensor ")

3.7　智能家居

检索式：@(abstract, title) (("smart home" or "home automation" or "Electronic Home" or "E-home" or "Digital Family" or "Network Home" or "Intelligent Home" or "Intelligent Building") or ("Smart Home Control Center" or "Intelligent Lighting System" or "Electrical Apparatus Control System" or "Whole Home Audio" or "Speakers, A/V & Home Theater" or "Video Door Phone" or "Cameras and Surveillance" or "Home Alarm System" or "Door Locks & Access Control" or "Intelligent Sunshading System" or "Electric Curtain" or "Thermostats & HVAC Controls" or "Solar & Energy Savers" or "Automatic Meter Reading System" or "Smarthome Software" or "Cable & Structured Wiring" or "Home Networking" or "Kitchen TV & Bathroom Built-In TV System" or "Exercise and Health Monitoring" or "Automatic Watering Circuit" or "Pet Care & Pest Control"))

3.8 智能农业

检索式：@(abstract, title) (("intelligence" or "intelligent") and ("field planting" or "Animal husbandry aquaculture" or "hothouses" or "soil exploration" or "Pest detection" or "Climate disaster warning" or "agricultural robot*" or "animal wear" or "agricultural expert system*" or "agriculture expert system*" or "artificial olfactory" or "farm" or "plant factory" or "pasture" or "fishing ground*" or "fishery" or "orchard*" or "Agricultural products processing workshop" or "Supply chain of agricultural products" or "Transplanting" or "Plant* harvest*" or "Field weed management" or "Food handling" or "Agricultural products inspection" or "cultivar* classification"))

3.9 其他领域

检索式：@(abstract, title) ("intelligent information retrieval" or "intelligent information retrieve" or "intelligent information search" or "intelligent search engine*" or "intelligent searching engine" or "intelligence search engine" or "Directory search engine" or "Robot Search Engine" or "Spider Search Engine" or "Web Crawler Search Engine" or "Web Wanderer Search Engine" or "Weta Search Engine" or "Multiple Search Engine" or "robot* answer" or "Virtual Assistant" or "Legal anticipation" or "expert system*" or "Automatic planning system" or "Theorem proving" or "Intelligent game*" or "computer game" or "computer game-playing" or "machine game" or "Man-machine chess")